最新図解 鉄道の科学

車両・線路・運用のメカニズム

川辺謙一　著

ブルーバックス

装幀／五十嵐 徹（芦澤泰偉事務所）
カバー（JR東日本 E5系新幹線電車）
表4写真（近鉄80000系電車「ひのとり」）／山﨑友也
本文・目次デザイン／天野広和（ダイアートプランニング）
図版作成／川辺謙一

はじめに

　本書は、ブルーバックスにおける3冊目の『鉄道の科学』です。1冊目は、1980年に出版された丸山弘志氏の著書で、電車のドアからトイレまで10テーマに絞って書かれたものでした。2冊目は、2006年に出版された宮本昌幸氏の著書で、おもに電車技術を中心に紹介したものでした。そして3冊目となる本書は、2024年に出版された私（川辺謙一）の著書で、同年における最新情報を交えながら、鉄道を支えるおもな技術を、多くの図や写真を使って解説しています。

　私には、独立後の約20年間に多くの鉄道書籍を記した経験があります。身近な輸送機関である鉄道を通して、より多くの方に技術の考え方や面白さをお伝えしたい。そういう思いがあったからです。ちなみに独立してこの活動をする前は、大手化学メーカーで技術者として従事し、鉄道現場にも通じる安全教育を受けてきました。

　これらの鉄道書籍を書くために、私は鉄道の全体像を把握することに時間を割いてきました。鉄道を支えるさまざまな現場を取材し、各分野の鉄道技術者の方々の話を直接聞く。国内外の鉄道を利用し、世界5カ国の鉄道関連の博物館を巡り、鉄道関連の国際的な会議や展示会を取材する。そうしたことを繰り返して、鉄道に関する知識を少しずつ積み上げたのです。また、道路交通や自動車、都市計画に関する書籍も記し、鉄道という輸送機関の特徴を客観視する試みも続けてきました。

　そのうえで、自らが学んだ鉄道技術を一般向けに翻訳して紹介する活動をしてきました。それゆえ、一般の方々が鉄道の何に興味を持ち、疑問を感じているかを、鉄道技術者の方々よりも意識して本づくりを重ねてきたつもりです。

　本書は、こうした経験に基づいて制作した一冊です。

みなさまの中には、知識欲が旺盛で、鉄道のことを知りつくしたいと思っている方もいるでしょう。そのような方にとって最終的なゴールは「鉄道とは何か」というシンプルな疑問に対する答えを見つけることではないでしょうか。なぜならば、それは鉄道の「真理」に近づくための究極の終着点だからです。

　本書では、取材を通して探し続けてきた「鉄道とは何か」という問いに対する私なりの結論を自然科学の視点から書きました。気になるページからで結構ですので、ぜひ気軽に読んでください。もし、その経験を通して鉄道を見る目が変わる楽しさを感じていただけたら、筆者としては望外の喜びです。

　なお、本書の制作にあたっては、鉄道現場で働く方々や、各専門分野の鉄道技術者、大学の研究者、そして講談社の森定泉さんや校閲の方々にご協力いただきました。この場をお借りして厚く御礼申し上げます。

2024年7月　川辺謙一

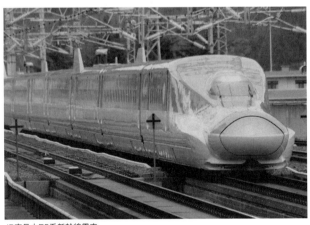

JR東日本E5系新幹線電車

JR九州
813系電車

最新図解
鉄道の科学　目次

はじめに　3

第1章　鉄道の基礎　11

1-1　鉄道とはどのような輸送機関なのか　12
4種類の輸送機関／運ぶスピード／一度に運べる量／エネルギー効率／CO_2の排出量／なぜ大量輸送ができるのか／舵を操作しない鉄道

1-2　レールはどのようにして発明されたのか　19
「轍」を防ぐ発想／レールの発明／脱線を防ぐフランジ

1-3　カーブを通過するための巧みな工夫　22
鉄道車両と自動車の大きなちがい／車輪と車軸を一体化した輪軸／円錐の一部を切り取った形

1-4　鉄道を支え続けた「粘着駆動」とは何か　28
摩擦を使ってレールを蹴る／鉄車輪とゴムタイヤ車輪のちがい／法律における鉄道の種類

1-5　鉄道は科学の入口になる？　31
鉄道工学が総合的な工学と呼ばれる理由／科学への入口としての鉄道

第2章　車両のメカニズム　35

2-1　車両の分類　36
おもに日本の大都市圏で活躍する電車／用途で分類する／動力源で分類する／動力配置で分類する／電気の種類で分類する

2-2　車両の種類　47
電車／気動車／客車／貨車／電気機関車／ディーゼル機関車／蒸気機関車

2-3　車両の基本構造　57
車両の外観／電車の車内／車体と台車／連結器／車両寸法／車両限界

2-4　車体の構造　67
構体の構造／座席／デッキ（出入台）／ドア

2-5　台車の構造　73
電車の台車／台車の軽量化

2-6　電車のメカニズム　76
直流電車における電気の流れ／電気を取り込む集電装置／走行速度をコントロールする制御装置／動力を伝える駆動装置

JR北海道キハ201系気動車

2-7 ブレーキ装置 86

ブレーキ機構／ブレーキ制御

2-8 カーブを高速で走行できる車両 91

カーブ走行時に起こる問題／車軸の向きが変わる操舵台車／乗り心地を高める車体傾斜機構

2-9 電車の乗り心地を良くする工夫 97

車体の振動のパターン／振動を小さくするサスペンション／左右方向の振動を小さくする振動制御装置／連結部分に設ける車体間ヨーダンパ

2-10 構造が特殊な車両 100

貨物電車／DMV

2-11 車両のメンテナンス 103

定期的に実施される車両検査／TBMからCBMへ

コラム 列車と車両の区別 106

第3章 線路のメカニズム 109

3-1 線路と軌道の構造 110

線路の構造／軌道の構造／レール／ロングレールと伸縮継目

3-2 軌間（ゲージ） 117

2本のレールの間隔／容易にはできない改軌／2種類の軌間に対応する三線軌／フリーゲージトレインの導入

3-3 線路の構成 121

単線と複線／分岐器／平面交差と立体交差

3-4　軌道を支える土木構造物　125
土構造物（盛土・切土）／橋りょう／トンネル

3-5　電気設備　130
エネルギー系設備／列車制御・通信系設備

3-6　鉄道を守る防災設備　132
地震対策／落石対策／大雨対策／凍結・雪害対策

3-7　線路のメンテナンス　136
線路を守る作業／作業の機械化／検査の車上化／線路メンテナンスのスマート化

コラム　勾配とカーブの「きつさ」の表し方　141

第4章　運用のメカニズム　143

4-1　輸送計画とダイヤ　144
輸送計画の作成／列車の動きを示す列車ダイヤ／乗務員と車両の動きを示す行程表

4-2　列車を安全に運転するための工夫　148
鉄道信号の仲間／信号／合図／標識／ATSとATC／無線式列車制御システム

JR四国1000形気動車

4-3 列車の自動運転　158

ATOによる自動運転／運転士のみが乗務するワンマン運転／運転士が乗務しないドライバレス運転／乗務員がいない無人運転

4-4 列車の運行管理　161

駅中心の運行管理／指令室による運行管理／スマートフォンでわかる列車運行情報

4-5 きっぷと自動改札システム　166

硬券から軟券へ／求められた改札業務の機械化／自動改札機の実用化／ICカードを使った自動改札システム／多様化した決済方法／タッチレス自動改札機／座席指定の進化／進むチケットレス化／数が減った自動券売機や窓口

4-6 バリアフリー化とユニバーサルデザイン　177

障壁をなくすバリアフリー化／ユニバーサルデザイン（万人向け設計）

第5章　新幹線と高速鉄道　181

5-1 新幹線とは何か　182

新幹線の定義／なぜ日本が新幹線を生み出せたのか／既存技術の寄せ集め？／システムとしての新幹線／東海道新幹線開業のインパクト

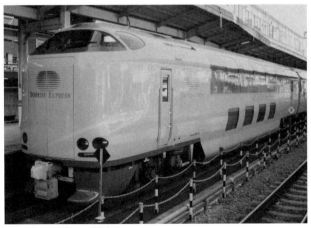

JR西日本・JR東海285系電車

東京メトロ10000系電車

5−2　新幹線の運転技術　　189
　　進化したATC／高密度輸送に対応する運行管理システム／ミニ新幹線と
　　フリーゲージトレイン
5−3　新幹線の騒音対策　　196
　　背景にある騒音問題／騒音の構成／パンタグラフの改良／先頭形状の改
　　良／車輪とレールの削正／車両の軽量化と構造物の改良
5−4　新幹線の防災技術　　205
　　地震対策／凍結・雪害対策
5−5　世界の高速鉄道　　208
　　高速新線の建設に消極的だったヨーロッパ／フランスのTGV／ドイツの
　　ICE／ヨーロッパに広がった高速鉄道／北米・アフリカの高速鉄道／アジ
　　アの高速鉄道／高速鉄道で発生した事故
5−6　浮上式鉄道　　215
　　浮上式鉄道とは／リニアモーター駆動とは？／実用化に至らなかった空
　　気浮上式鉄道／営業運転に至った磁気浮上式鉄道／1000km/h以上の超高
　　速に挑むハイパーループ

第6章　街を走る都市鉄道　　227
6−1　都市鉄道を市街地に通す　　228
　　ニューヨークの都市鉄道／ロンドンの都市鉄道／ベルリンの都市鉄道／
　　東京の都市鉄道

6-2　ゴムタイヤ式電車　235
背景に鉄輪式鉄道の弱点／モノレール／ゴムタイヤ式地下鉄／AGT（自動案内軌条式旅客輸送システム）

6-3　鉄輪式リニア　242
鉄輪式リニアの構造／日本のリニアメトロ

6-4　路面電車の復活　245
都市再生のための交通システム／ストラスブールでの成功／日本における本格的なLRTの導入例

第7章　山を越える山岳鉄道　251

7-1　勾配を緩くする工夫　252
粘着駆動とその限界／スイッチバックとループ線

7-2　急勾配に対応する工夫　254
ラック式鉄道／ケーブルカー／ロープウェイとリフト

第8章　進化する鉄道　261

8-1　鉄道が直面する課題　262
変化した役割／鉄道に求められていること／世界的に関心が高まる環境対策／100年に1度のモビリティ革命／人口減少による影響／それぞれの要求への対応

8-2　環境に配慮した車両の開発　269
気動車を置き換える存在／蓄電池電車／水素電車

8-3　利便性の向上　276
MaaSの導入／他交通との連携／キャッシュレス化とチケットレス化

8-4　業務の省力化　279
メンテナンスのスマート化／列車の自動運転化／列車運行の最適化／駅構内における案内AIシステムの活用

8-5　これからの鉄道　282

**おもな参考文献と
図版出典**　284

索引　289

広島電鉄5100形電車

第 1 章

鉄道の基礎

まっすぐ延びる線路

まずは本書のイントロダクションとして、科学や技術の視点から鉄道の基礎にざっくりとふれておきましょう。

「はじめに」でふれた「鉄道とは何か」という問いの答えを導くには、鉄道の現状と歴史を把握するのが早道です。つまり、次の2点を把握することで、鉄道の実像に迫ればいいのです。

①輸送機関の全体像における位置付け
②起源から現在に至るまでの歴史

1-1 鉄道とはどのような輸送機関なのか

　それでは、まず①の「輸送機関の全体像における位置付け」から明らかにしていきましょう。

● 4種類の輸送機関

「はじめに」でも述べたように、鉄道は輸送機関の一種です。輸送機関とは、輸送機械を運用して人（旅客）や物（貨物）を移動させる組織全般のことで、鉄道の他にも自動車や航空機、船舶（以下、船）があります（写真1-1）。これらはそれぞれ特徴があり、互いに弱みや強みを補い合う関係にあります。

　鉄道の特徴や位置付けは、これら4つの輸送機関をくらべることで見えてきます。本節では「運ぶスピード」「一度に運べる量」「エネルギー効率」「CO_2（二酸化炭素）の排出量」でくらべてみましょう。

● 運ぶスピード

　旅客や貨物を運ぶスピードは、各輸送機関によって異なります（図1-1）。鉄道は、スピードにおいて航空機には及ばない反面、船や自動車を超える速度領域に対応しています。

写真1-1　4種類の輸送機関

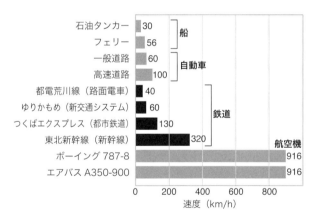

図1-1　各輸送機関が旅客や貨物を運ぶスピード（国内最高速度）。自動車は、日本における法定速度を示している。ただし、一部の高速道路では制限速度が120km/hまで引き上げられている

●一度に運べる量

　一度に運べる量は、旅客輸送と貨物輸送ともに鉄道と船が多くなっています（図1-2）。陸上輸送に限定すれば、鉄道の輸送量は自動車のそれをはるかに上回ります。

　日本には、大型自動車1台ではとても運びきれないほどの人や物を一度に運ぶ列車が存在します。たとえば東京のJR在来

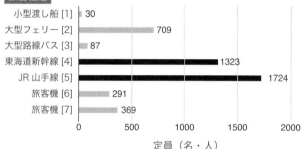

旅客輸送	
小型渡し船 [1]	30
大型フェリー [2]	709
大型路線バス [3]	87
東海道新幹線 [4]	1323
JR 山手線 [5]	1724
旅客機 [6]	291
旅客機 [7]	369

定員（名・人）

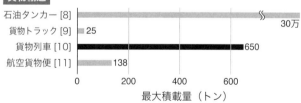

貨物輸送	
石油タンカー [8]	30万
貨物トラック [9]	25
貨物列車 [10]	650
航空貨物便 [11]	138

最大積載量（トン）

[1] 矢切の渡し　[2] さんふらわあ・さつま　[3]ISUZU ERGA　[4]N700S
[5]E235 系　[6] ボーイング 787-8　[7] エアバス A350-900　[8]VLCC　[9] 車両総重量国内最大　[10] 国内最大　[11] ボーイング 747-8F

図1-2　各輸送機関の一度に運べる量。鉄道は船と同様に多くの旅客や貨物を一度に運ぶことができる

線では、1本あたり2000人以上の旅客を運ぶ旅客列車が、ピーク時にわずか2～3分という短い時間間隔で運転されています。また、日本の鉄道の大動脈とも言うべきJR東海道本線では、650トンの貨物を一度に運ぶことができる貨物列車が走っています。

海外には、もっと多くの貨物を運ぶ列車が存在します。たとえばアメリカでは、長さが約2kmにも及ぶ長編成の貨物列車が存在し、最大3600トンの貨物を一度に運んでいます。

●エネルギー効率

エネルギー効率は、旅客1人または貨物1トンを1km運ぶのに必要なエネルギーで比較します。鉄道は、旅客輸送と貨物輸送ともに必要なエネルギーが少なく、エネルギー効率が良い輸送機関だと言えます（図1-3）。

●CO₂の排出量

近年は、地球環境に対する意識の高まりによって、CO_2の排出量が注目されています。CO_2は、地球温暖化の原因となる温室効果ガスの一つとされているからです。

鉄道は、エネルギー効率が良いゆえに、旅客1人または貨物1トンを1km運ぶときのCO_2の排出量が他の輸送機関よりも少ないです（図1-4）。

このため鉄道は、輸送機関における「環境の優等生」とも言われます。ただし、輸送力に見合った需要がないと、エネルギー効率が悪くなり、旅客1人または貨物1トンを1km運ぶときのCO_2の排出量が増えてしまいます。

●なぜ大量輸送ができるのか

以上述べたことをまとめると、「鉄道は陸上における大量高

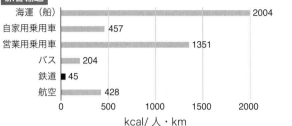

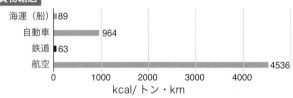

図1-3　各輸送機関のエネルギー効率（2019年度）

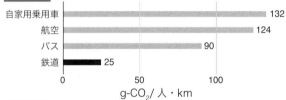

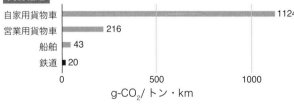

図1-4　各輸送機関のCO₂排出量（2021年度）

速輸送が得意で、エネルギー効率が良く、CO_2排出量が少ない輸送機関である」と言えます。

そこで次に、「大量輸送ができる」という特長に注目し、その理由を探ってみましょう。

鉄道が自動車よりも大量輸送が得意なのは、複数の車両を連結して長い編成を組むことができるからです。

こう書くと、「自動車でも複数の車両をつなげて走っている例がある」とおっしゃる方もいるかもしれません。たしかにトレーラーや連節バスのように、複数の車両をつなげて走る大型自動車は存在します。しかし、鉄道における列車のように10両以上の車両を連結して公道を走ることは困難です。なぜならば、車両が交差点をスムーズに曲がることができず、道路交通の妨げになってしまうからです。このため日本では、トレーラーや連節バスの長さが法律（道路交通法）によってきびしく制限されています。

鉄道で長い編成の列車を走らせることができるのは、車両の進路があらかじめ決まっているからです。つまり、道路とはちがい、線路にはレールがあり、それが各車両の進路を誘導するので、カーブがある線路でも、列車がスムーズに通行できるのです。

このことは、列車を構成する車両のそれぞれが、レールに沿って自ら舵を切り、進路を変えていると言い換えることもできます。

●舵を操作しない鉄道

この「自ら舵を切る」は、鉄道の大きな特徴でもあります。なぜならば、鉄道以外の輸送機関にはそのような機構がないからです。

船や航空機、自動車では、人間が舵を操作して、進路を変え

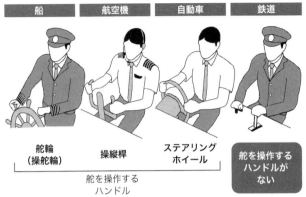

船	航空機	自動車	鉄道

| 舵輪
（操舵輪） | 操縦桿 | ステアリング
ホイール | 舵を操作する
ハンドルが
ない |

舵を操作する
ハンドル

図1-5　各輸送機関における舵を操作するハンドル。鉄道では
存在しない。

ています（図1-5）。船舶では舵輪（操舵輪）、航空機では操縦
桿、自動車ではステアリングホイールと呼ばれるハンドルがあ
り、操縦する人がそれを操作して舵を切っています。

　いっぽう鉄道では、人間が舵を操作する必要がありません。
実際に電車などの鉄道車両の運転台には、舵を操作するハンド
ルが存在しません。このため運転士が行う運転操作は、列車の
走行速度の調節がメインとなっています。

　それでは、なぜ鉄道では人が舵を操作する必要がないのでし
ょうか。

　結論から言うと、その秘密はレールと車輪の構造にありま
す。つまり、先ほど述べたように、線路に敷いた2本のレール
の上を車輪が転がることで、車輪がレールに案内され、車両の
進路が自動的に誘導されるので、人間が舵を切る必要がないの
です。

1-2 レールはどのようにして発明されたのか

　それでは、どのようにして車両の進路を誘導するしくみが考えられたのでしょうか。その謎を、②の「起源から現在に至るまでの歴史」から探ってみましょう。

●「轍」を防ぐ発想

　さて、「起源から現在に至るまでの歴史」を知るうえでは、「鉄道の起源」が気になりますが、これには諸説あります。紀元前3000年ごろのメソポタミア文明の時代に車輪が発明されたことが、のちに鉄道の誕生につながったことは確かなのですが、それから現在に至るまでの経緯が明確にわかっていないのです。

　そこで本書では、現時点で有力とされる説の一つをご紹介します。その説のキーワードは「轍」です。

　車輪をつけた車両は、のちに馬がけん引する馬車となり、陸上における輸送を大きく変えました。このため車輪の発明は、人類史上でとくに重要なものとされています。

　車両が地面の上を走ると、轍ができます（図1-6）。轍とは車輪が通った跡のことで、車輪にかかる荷重が大きくなる、もしくは地面が軟らかいと深く刻み込まれます。

　このため、車両が何度も通過すると、多くの轍が刻まれて地面の凹凸が激しくなり、車輪が通過しにくくなります。また、雨が降って地面が軟らかくなると、車輪が深く沈み込み、動けなくなることもあります。

●レールの発明

　そこで人類は、轍ができるのを避けるためにレールを敷き、

図1-6　馬車が通ると地面に轍ができる

写真1-2　ドイツの炭鉱で使われたトロッコのレプリカ。車輪とレールは木製。ドイツのベルリンにあるドイツ技術博物館にて

写真1-3　鉄製の車輪とレールを使った車両のレプリカ。ドイツ技術博物館にて

その上で車輪を転がすしくみを考えました。

　人類がレールを発明した時期は定かではありませんが、16世紀には、ドイツやイギリスの炭鉱で木のレールが使われていました（写真1-2）。これは、木製車輪をつけたトロッコを走らせるためのもので、炭鉱で採掘した石炭を運搬するために使われていました。

　木には、金属よりも入手や加工が容易で、軽いという利点があります。その反面、劣化しやすく、大きな荷重に耐えられないという弱点があります。

　そこで人類は、木の代わりに鉄を利用するようになりました（写真1-3）。鉄は、木よりも丈夫で変形しにくい材料であるだけでなく、手に入りやすい金属材料だったからです。実際にイギリスの鉱山では、1750年代から鉄の車輪とレールが使われていました。

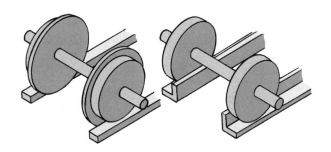

| 車輪にフランジをつける | レールにフランジをつける |

図1-7　車輪またはレールにフランジをつけて脱線を防ぐ

●脱線を防ぐフランジ

　車輪がレールの上を転がり続けるためには、脱線を防ぐ構造が必要です。このため、車輪またはレールに「フランジ」と呼ばれる凸部（つば）をつけることになりました（図1-7）。

　現在の鉄道では、車輪にフランジをつける方式が採用されています。その明確な理由は定かではありませんが、車輪にフランジをつけた方がレールの構造をシンプルにできる、後述するようにカーブを曲がるのに適した構造にできるといった理由があるのではないかと私は考えます。

1-3　カーブを通過するための巧みな工夫

　ここまでは、おもにレールの発明について述べてきたので、次に車輪の構造の工夫に迫ってみましょう。

●鉄道車両と自動車の大きなちがい

「鉄道車両は自動車と同じ『車両』だから、カーブ（曲線区

間）を曲がれるのは当然ではないか？」そう思っている方はいらっしゃいませんか？　たしかに鉄道車両は、自動車と同様に車輪がついた「車両」なので、そう思う方がいても不思議ではありません（写真1-4）。

　しかし、曲線区間を走行するしくみは、鉄道車両と自動車で大きく異なります。両者のしくみをくらべてみましょう。

　自動車が曲線区間に差しかかると、外側の車輪が内側の車輪よりも速く回転します。曲線区間では、外側の車輪が内側の車輪よりも長い距離を走行するからです。

　いっぽう鉄道車両が曲線区間に差しかかると、外側と内側の車輪が同じ回転速度で回ります（独立車輪方式を採用した路面電車を除く）。曲線区間では、車輪が転がる左右のレールの長さに差ができるにもかかわらず、です。

　それではなぜ、鉄道車両は曲線区間を通過することができる

写真1-4　曲線区間を走行する鉄道車両（JR北海道の721系電車）

のでしょうか。左右のレールの長さの差にどのようにして対応しているのでしょうか。その秘密に迫ってみましょう。

● 車輪と車軸を一体化した輪軸

鉄道車両が曲線区間を通過できる秘密は、車輪の構造にあります。つまり、左右のレールの長さの差に対応できるように、車輪が特殊な形になっているのです。

それでは本題に入る前に、鉄道車両の車輪と車軸の関係について説明しておきましょう。

鉄道車両では、左右2枚の車輪と1本の車軸がセットになって固定されているので、左右の車輪は常に同じ回転速度で回ります。つまり、左右の車輪が同じ車軸でつながっていない自動車とは、車輪が転がるしくみが根本的にちがうのです。

なお、このように左右の車輪と車軸がセットになったもの

写真1-5　左右の車輪と車軸がセットになった「輪軸」。東京メトロ綾瀬車両基地一般公開時に撮影

を、鉄道では「輪軸」と呼びます（写真1-5）。輪軸は、車両が
レール上を走行するうえで重要な部品の一つです。

　このため鉄道車両には、デファレンシャルギア（差動装置）
がありません。デファレンシャルギアとは、左右の車輪の回転
速度の差を吸収して動力を伝える動力伝達装置であり、自動車
には不可欠な存在です（インホイールモーターで各車輪を個別
に駆動させる電気自動車を除く）。ところが鉄道車両では、左
右の車輪が同じ車軸でつながっており、車軸に動力を伝えれ
ば、左右の車輪を同じ回転速度で回すことができるので、デフ
ァレンシャルギアがいらないのです（独立車輪方式を除く）。

●円錐の一部を切り取った形

　さあ、ここからが本題です。先ほども述べたように、鉄道車
両の車輪は特殊な形になっています。

　鉄道車両の車輪には、フランジと踏面と呼ばれる部分があり
ます（図1-8）。フランジは、脱線を防ぐための凸部（つば）で
あり、踏面はレールと接触する面です。

　この踏面は、円錐の一部を切り取った形になっており、外側
に向かうほどレールと接する部分の円周が小さくなっています。
厳密に言うと、円弧の一部を切り取った形を採用した例も
ありますが、ここでは円錐形になった円錐踏面について説明し

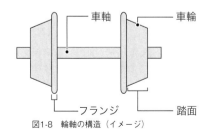

図1-8　輪軸の構造（イメージ）

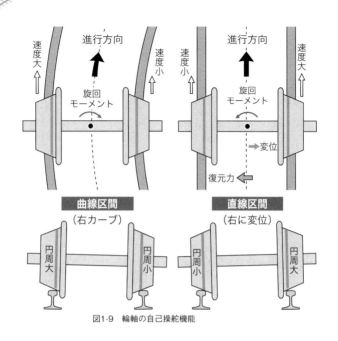

図1-9 輪軸の自己操舵機能

ます。

　輪軸は、曲線区間ではレールに沿って曲がり、直線区間では左右に偏ることなく転がることができます。つまり、輪軸には、レールに沿って自ら舵を切り、転がるという機能があるのです。この機能を「自己操舵機能」と呼びます。

　自己操舵機能について、もう少しくわしく説明しましょう。

　たとえば右にカーブする曲線区間では、輪軸は軌道の中心よりも左（カーブの外側）に寄って転がります（図1-9）。このとき左の車輪では、レールと接する部分の円周（直径×円周率）が右の車輪よりも大きくなります。しかし、左右の車輪は同じ速度で回転するため、左の車輪は右の車輪よりも速く進むこと

になり、輪軸に旋回モーメントが働いて右向きに旋回します。これによって、輪軸はレールに沿って自ら舵を切り、曲がることができます。

レールの長さの左右差に対しては、レールと接する部分の円周の左右差で対応します。つまり、右の車輪の円周よりも左の車輪の円周が大きくなることで、左右のレールの長さの差に対応するのです。

いっぽう直線区間では、輪軸は基本的にまっすぐ転がります。もし輪軸が右側のレールに近づく（右に変位する）と、レールと接する部分の円周が左右の車輪で異なってくるため、輪軸に旋回モーメントが働いて、軌道の中心に戻ろうとする復元力が生じます。つまり、輪軸の位置が左右どちらかに偏ると、中央に戻す力が働くので、輪軸がレールに沿ってまっすぐ転がることができるのです。

輪軸には、このような自己操舵機能があるため、レールに沿って鉄道車両の進路を案内することができます。鉄道車両が、自動車にあるステアリング機能がなくてもレールに沿って走ることができるのは、輪軸がカーブしたレールに合わせて転がる向きを自動的に変え、舵を切るからです。

このため鉄道の運転士は、進行方向を定める舵を操作する必要がありません。先ほども述べたように、航空機や自動車、船には、人が舵を切るためのハンドルが存在しますが、電車をふくむ鉄道車両の運転台にはそれが存在しません。それは、先ほど紹介した自己操舵機能があるからなのです。

この自己操舵機能を利用すると、多くの車両をつなげて走らせることができ、1列車あたりの輸送力を大きくすることができます。レールに沿って各車両の輪軸が自動的に舵を切るからです。

これが、鉄道が陸上での大量輸送ができる大きな理由です。

1-4 鉄道を支え続けた「粘着駆動」とは何か

　現在、世界のほとんどの鉄道では、鉄車輪が鉄レールの上を転がるという組み合わせとともに、「粘着駆動」と呼ばれる駆動方式を採用しています。本節では、このような鉄道を便宜上「一般の鉄道」と呼び、粘着駆動のしくみを説明します。

● 摩擦を使ってレールを蹴る

　粘着駆動とは、鉄道で使われる駆動方式の一種で、鉄車輪と鉄レールの間に生じる摩擦（鉄道では「粘着」と呼ぶ）を利用する駆動方式です。「粘着」というと、物体同士がベタベタとくっつく現象をイメージする方が多いでしょうが、鉄道総合技術研究所の『鉄道技術用語辞典（第3版）』には「列車を加減速するための駆動力やブレーキ力の伝達を可能にするレール・車輪間の摩擦現象」と記されています。

　ただ、これだけの説明ではわかりにくいと感じる方もいると思うので、走る人間に例えて説明しましょう（図1-10）。

　私たち人間が靴をはいて地面の上を走るときは、左右の足を交互に動かし、靴で地面を後ろに蹴り続けながら前進します。つまり、靴底と地面の間に生じる摩擦を利用して「駆動」しているのです。

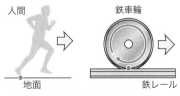

図1-10　走る人間と転がる鉄車輪

いっぽう、鉄道では、モーターやエンジンなどの動力によって鉄車輪を回転させることで、鉄レールを連続的に蹴り続けながら前進します（後述する浮上式鉄道や鉄輪式リニアなどを除く）。つまり、鉄車輪の踏面と鉄レールの間に生じる粘着を利用して「駆動」しているのです。

粘着駆動は、世界最初の本格的な営業鉄道とされるイギリスのリバプール・アンド・マンチェスター鉄道が1830年に開業してから現在に至るまで、200年近くの間世界中の鉄道で使われ続けています。たとえば日本のJRグループの路線では、新幹線や在来線の両方で使われています。その点では、鉄道において長い歴史を持つ駆動方式と言えます。

●鉄車輪とゴムタイヤ車輪のちがい

ここまで読んだ方の中には、「鉄レールの上では、鉄車輪は滑りやすいのではないか？」と疑問に思う方もいるかもしれません。たしかに、一般の鉄道では、鉄車輪の踏面と鉄レールの頭部（鉄車輪と接触する頭頂部）はどちらも表面の凹凸がほとんどなく、ツルツルになるように磨かれているので、そう思う方がいても不思議ではありません。

実際に、鉄車輪は鉄レールの上で滑りやすいです。そのことは、舗装道路の上を転がる自動車のゴムタイヤ車輪とくらべるとよくわかります。

ゴムタイヤ車輪は、大きな荷重がかかると変形し、舗装道路の路面と接触する部分の面積が大きくなります。たとえば乗用車の場合は、大人の手のひらとほぼ同じ面積で接しています。

いっぽう鉄車輪は、大きな荷重がかかってもほとんど変形しないので、鉄レールと接触する部分の面積が小さいです。たとえば通勤電車の場合は、直径約1cmの円に近い楕円（小指の爪ぐらい）と同じ面積で接します（直径86cmの鉄車輪に5ト

ンの荷重がかかる場合)。

　つまり、鉄車輪は、ゴムタイヤ車輪よりもはるかに小さい面積で接するので、その分だけ摩擦力(粘着力)が働きにくく、滑りやすいのです。

　鉄道車両の鉄車輪が鉄レールの上で滑ると、駆動ができなくなります。たとえば、大きすぎる力で鉄車輪を回す、もしくは急な上り坂(勾配)を登ろうとすると、鉄車輪が空回りする「空転」が起こりやすくなります。また、急ブレーキをかけて鉄車輪の回転速度を下げる、もしくは急な下り坂でブレーキをかけると、鉄車輪が鉄レールの上で滑ったまま移動する「滑走」が起こりやすくなります。つまり、空転や滑走が起こると粘着駆動ができなくなり、加速も減速も十分にできなくなってしまうのです。

　このことは鉄車輪の大きな弱みですが、ゴムタイヤ車輪よりも変形しにくいことは強みでもあります。なぜならば、変形に使われるエネルギーが小さい分、鉄道車両が走るのを妨げる走行抵抗が小さくなり、より少ない力で走ることができるからです。

　本章の1-1で述べたように、鉄道は、自動車よりもエネルギー効率の良い輸送機関と言われますが、その理由がここにあります。つまり、鉄道は、鉄車輪が滑りやすく、空転や滑走が起こりやすいという弱みがある反面、多くの人や物を少ないエネルギーで運ぶことができるという強みがあるのです。

● **法律における鉄道の種類**

　一般に「鉄道」と呼ばれるものは、日本の法律によって、「鉄道事業法」で扱う「普通鉄道」と「特殊鉄道」、そして「軌道法」で扱う「軌道」に大別されます(図1-11)。普通鉄道は、後述する特殊鉄道や軌道を除く一般の鉄道、特殊鉄道は普通鉄

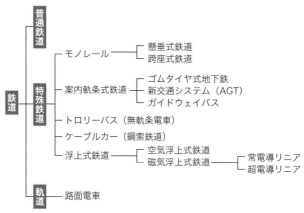

図1-11 日本の法律に基づいて分類した鉄道の種類

道と走行システムが異なる鉄道、軌道は一般的に路面電車を指します。

このうち、普通鉄道と軌道は、鉄レールの上を鉄車輪が転がり、粘着駆動をしています。粘着駆動以外の方式で車両を駆動させる鉄道に関しては、本書の第6章と第7章でくわしく説明します。

なお、索道（ロープウェイやリフト）は、鉄道として扱わないことがありますが、日本では鉄道事業法に従って運営されているので、本書では鉄道の一種として扱うことにします。

1-5 鉄道は科学の入口になる？

ここまでは、鉄道という輸送機関の特徴や、鉄道が生まれた過程を探りながら、鉄道のルーツをざっくりとたどってきました。第1章の最後となる本節では、ここまで説明したことを踏まえて、鉄道工学の特徴について説明します。

●鉄道工学が総合的な工学と呼ばれる理由

　鉄道工学は、鉄道技術を扱う学問分野で、「総合的な工学」とも呼ばれます。なぜならば、鉄道を構成する施設や車両、電力と言った要素が、多くの学問分野と関係あるからです（図1-12）。

　鉄道技術者の多くは、大学や大学院で土木・機械・電気を学んだ人ですが、鉄道工学が関わる学問分野はこれらにとどまりません。鉄道は、あらゆる工学を応用した輸送機関であり、乗務員などの鉄道現場で働く人や旅客の心理や行動、疲労などを扱う人間科学とも密接な関係があります。このため、鉄道工学は、ほとんどの工学と関係があるだけでなく、心理学や生物学、医学といった工学以外の学問分野とも関係があります。

●科学への入口としての鉄道

　以上のことから、私は「鉄道は科学の入口になる」と考えています。それは、鉄道に興味を持つことが、さまざまな学問分野と接する機会を得て、視野を広げることにつながるからです。

　ぜひ、このことを頭に入れたうえで第2章以降を読んでみてください。

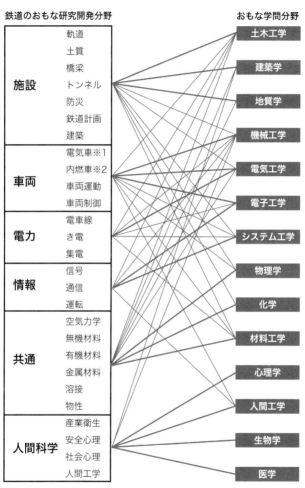

鉄道のおもな研究開発分野　　　　　　　おもな学問分野

※1：電車・電気機関車　※2：気動車・ディーゼル機関車

図1-12　鉄道のおもな研究開発分野とおもな学問分野との関係

第2章

車両のメカニズム

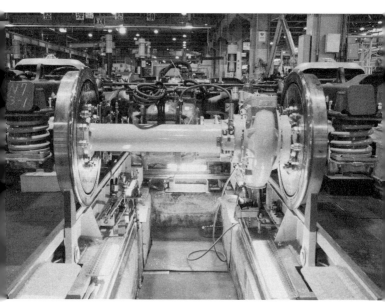

台車の検査設備

写真2-1　JR常磐線を走る電車（JR東日本E531系電車）。東京圏などの大都市圏では、人を運ぶ鉄道車両がほぼ電車に限定される

2-1 車両の分類

●おもに日本の大都市圏で活躍する電車

　日本では、鉄道車両のことをすべて「電車」と呼ぶ人がいます。たしかに東京圏などの大都市圏では、人を運ぶ鉄道車両がほぼ電車に限定されるため、そう呼ぶ人がいても不思議ではないかもしれません（写真2-1）。

　ただし、厳密に言うとこれは誤りです。なぜならば、鉄道車両には機関車や客車、貨車などのさまざまな種類があり、電車はその一種に過ぎないからです。

　とはいえ、日本の鉄道に限定すると、「人を運ぶ鉄道車両はほとんど電車」と言ってもあながち間違いではありません。な

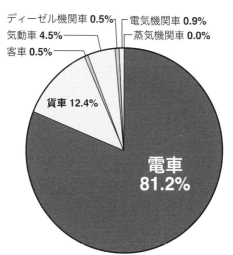

ディーゼル機関車 0.5%　電気機関車 0.9%
気動車 4.5%　蒸気機関車 0.0%
客車 0.5%
貨車 12.4%
電車
81.2%

データ出典：日本鉄道車輌工業会 HP
2023 年 4 月 1 日時点
図2-1　日本の鉄道事業者が保有する車両の割合

ぜならば、現在の日本では、鉄道事業者（鉄道会社）が保有する鉄道車両全体の８割以上、人を運ぶ鉄道車両（旅客車）の９割以上が電車だからです（図2-1）。このような状況は、日本では驚くことではないと思われるかもしれませんが、世界全体で見ると、かなりめずらしいことなのです。

　そこで本節では、鉄道車両をさまざまな観点で分類しながら、日本の鉄道で電車の数が多くなった理由を探っていきましょう。なお、本章以降では、鉄道車両のことを「車両」と呼びます。

●用途で分類する

　車両を用途によって大きく分けると、機関車・旅客車・貨物

車・特殊車の4種類に分類されます（図2-2）。機関車は、動力を持ち、他の車両をけん引する車両。旅客車は、旅客（人）を輸送する車両。貨物車は、貨物（物）を輸送する車両。特殊車は、特殊な構造や設備がある車両を指します。

　機関車そのものは旅客や貨物を運びません。いっぽう旅客車や貨物車のなかには、動力装置を持ち、自走する車両が存在します。それが電車と内燃動車です。

　また、電車は電気機関を動力源にして自走する客車、すなわち「電動客車」の略です。ただし現在の日本では、貨物を輸送する電車も存在するので、図2-2では旅客を運ぶ電車を「旅客電車」、貨物を運ぶ電車を「貨物電車」と表記しました。

　なお本書では、内燃機関を動力源とする内燃機関車および内燃動車を、それぞれ「ディーゼル機関車」および「気動車」と呼ぶことにします。なぜならば、現在の内燃機関車と内燃動車は、ほぼすべてがディーゼルエンジンを動力源にしているからです。かつてはガソリンエンジンやガスタービンエンジンを動力源とする車両が存在しましたが、効率・安全性・経済性において不利であったため、現在日本では使われていません。ディーゼルエンジンを動力源とする旅客車は、ディーゼル動車またはディーゼルカーとも呼ばれますが、本書では「気動車」という呼び方で統一します。

● **動力源で分類する**

　車両が動くのに使われる動力源には、電気機関と内燃機関（ディーゼルエンジン）、そして蒸気機関があります。電気機関は電気機関車や電車、内燃機関はディーゼル機関車や気動車、蒸気機関は蒸気機関車の動力源として使われています。

　なお、現在の日本の鉄道では、電気機関または内燃機関が車両の動力源としておもに使われます。また、輸送需要が高い区

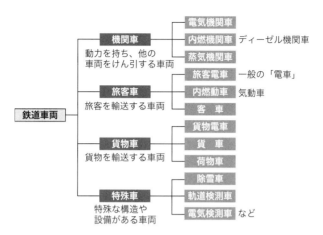

図2-2　用途で分けた車両の種類

間は電化されて（車両に電力を供給する電気設備が整備されて）おり、電気機関車や電車が走行できるようになっています。

　日本で電化された鉄道が増えた背景には、国によって進められたエネルギー政策や鉄道経営の改善がありました。

　日本はエネルギー資源が乏しい国であるうえに、かつては国産の石炭の約30％を蒸気機関車が消費していました。そこで国は、第二次世界大戦前に起伏が激しい地形を活かして水力発電所を多数建設し、おもな鉄道を電化しました。また、電気機関車を増やす代わりに蒸気機関車の数を減らすことで、鉄道が消費する石炭の量を減らし、余った石炭を工業など別の国内産業に振り分けました。

　第二次世界大戦後は、鉄道経営の合理化を図る目的で、蒸気機関車の廃止が計画され、幹線を中心に鉄道の電化が進められました。蒸気機関車は、電気機関車やディーゼル機関車よりも

エネルギー効率が低いうえに、運転や整備に手間がかかり、運用コストが高いからです。

　その結果、日本の鉄道の約3分の2が電化されました。『数字でみる鉄道2023』によると、2021年度における日本の鉄道（軌道を含む）の電化率は、64.0％になっています。

　つまり、日本の鉄道で電車が多くなった背景には、国の政策で鉄道の電化が進められ、電車の活躍の場が増えたことが大きく関係しているのです。

　いっぽう日本の鉄道では、蒸気機関車が1976年までにすべて廃止されました。現在国内で運転されている蒸気機関車は、いったん廃止されたのちに、線路を走行できるように整備されたものです。

●動力配置で分類する

　車両に動力を配置する方法には、動力集中方式と動力分散方式があります（図2-3）。動力集中方式は、動力装置を機関車に集中配備したもので、機関車方式とも呼ばれます。動力分散方式は、動力装置を機関車以外の車両に分散配置したもので、電車や気動車がこれに相当します（図2-4）。

　電気機関車は、動力源として主電動機（モーター）を搭載しています（写真2-2）。いっぽうディーゼル機関車は、動力源と

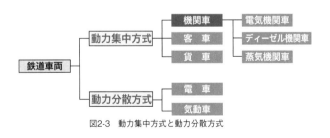

図2-3　動力集中方式と動力分散方式

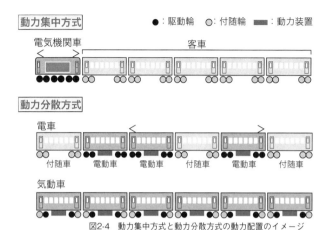

動力集中方式　　　●：駆動輪　○：付随輪　▬▬：動力装置

電気機関車　　　　客車

動力分散方式

電車

付随車　電動車　電動車　付随車　電動車　付随車

気動車

図2-4　動力集中方式と動力分散方式の動力配置のイメージ

写真2-2　電気機関車の主電動機。写真はJR貨物EH500形のもの

写真2-3　ディーゼル機関車のディーゼルエンジン。写真はJR貨物DE10形のもの

してディーゼルエンジンを搭載しています（写真2-3）。

　電車では、主電動機を搭載した電動車と、搭載していない付随車が存在します。いっぽう気動車では、基本的にすべての車両がディーゼルエンジンを搭載していますが、一部車種では、それを搭載していない付随車が存在します。

　動力集中方式と動力分散方式には、それぞれ長所と短所が存在します（表2-1）。

　かつて日本の鉄道では、動力集中方式の旅客列車が存在したため、客車が多数ありました。しかし、1960年代以降は、他の交通手段、とくに自動車の普及によって国内交通における鉄道の優位性が低下したため、鉄道の合理化として動力の近代化が求められ、鉄道の電化や、電車や気動車の導入が進みました。その結果、ほとんどの旅客列車が動力分散方式となったのです。

	動力集中方式	動力分散方式
加減速性	あまり良くない	良い
運転性	機関車が故障すると 運転不能になる	動力車の一部が 故障しても運転可能
運用性	編成の柔軟性あり 方向転換困難	編成は固定的 方向転換容易
線路への負担	機関車重量が大きいため 負担荷重が大きい	機器が分散しており 負担荷重が軽い
快適性	客車に動力機構がなく 騒音や振動が少ない	各車両に動力機構による 騒音源・振動源がある
車両の経済性	動力車が少ないので割安 （長編成の場合）	動力車が多いので割高

表2-1　動力集中方式と動力分散方式の比較

　それではなぜ、日本の鉄道では電車の数が車両全体の8割以上を占めるに至ったのでしょうか。それは、前述した鉄道の電化が国の政策の一つとして進められただけでなく、メンテナンスが容易であるなどの利点があったからです。

　電車と気動車には、それぞれ表2-2に示すような特徴があります。なお、この表に記された情報は一般論です。後述する電気式気動車やハイブリッド気動車のなかには、電車と走行性能があまり変わらないものも存在します。

　また、海外の鉄道では、現在も動力集中方式の旅客列車が多数存在します。

　ヨーロッパの旅客列車では、プッシュ・プル方式を導入した例があります。プッシュ・プル方式とは、編成の前後両端に機関車と制御車（または両方機関車）を配置し、折り返し時の機関車の付け替えを不要にした方式です。代表例には、フランスの高速列車（TGV）があります。

　いっぽう日本の鉄道では、一部の列車を除き、プッシュ・プル方式は使われていません。ヨーロッパの鉄道のようにサイド

鉄道の科学

		電車	気動車
施設	設備費	電気設備に多額の費用が必要	給油設備だけで割安
	メンテナンス性	電気設備に多くのメンテナンスが必要	電気設備が少なくメンテナンスの手間が少ない
車両	動力供給	電力のため連続的に供給可能	給油が必要
	快適性	良い	エンジン音あり
	加減速性	良い	電車にくらべてあまり良くない
	メンテナンス性	気動車にくらべて手間がかからない	エンジン整備等に手間がかかる

表2-2　電車と気動車の比較

バッファー方式（けん引力を伝達する連結器とは別に推進力を伝達するサイドバッファーを車端に設ける方式）を採用した車両を使っていないからです。

●電気の種類で分類する

　電気機関車や電車は、集電装置を使って外部から電気を取り込んで動きます。これらは、取り込む電気の種類によっても分類できます。このため、本題に入る前に、電気の種類と鉄道の電化について説明します。

　電気の種類には、おもに直流と交流があります（図2-5）。直流は時間に関係なく電圧が一定であるのに対して、交流は時間に対して電圧が周期的に変化して、正弦波（サインカーブ）を描きます。なお、電圧の時間変化が1本の正弦波で示せるものは単相交流、位相が120度ずつ異なる3本の正弦波で示せるものは三相交流と呼びます。また、1秒間に繰り返される周期の数を周波数（単位はヘルツ）と呼びます。

　鉄道で電気機関車や電車が走行できるようにするには、線路

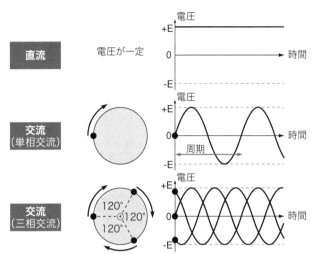

図2-5 直流と交流の電圧の時間変化。図の左側の円と点は、交流の「位相」を示している。右側に示した電圧の時間変化は、円が時計回りに回転したときの点の軌跡と同じように正弦波を描いている

を電化する必要があります。電化とは、車両に電力を供給する電気設備（架線や架線柱、変電所など）を整備することで、直流方式で電化することを直流電化、交流方式で電化することを交流電化と呼びます。なお、日本の鉄道では単相交流で交流電化するのが一般的であり、三相交流で交流電化する例はAGT（新交通システム）など一部の鉄道に限られます。

このため電気機関車や電車は、直流電化と交流電化のそれぞれに対応した種類に分類されます。たとえば電気機関車であれば、直流電化のみに対応するものを直流電気機関車、交流電化のみに対応するものを交流電気機関車、両方に対応するものを交直流電気機関車と呼びます。同様に、電車では、直流電車や

| V : ボルト |
| Hz : ヘルツ |

東京

※以下は直流1,500V
仙石線・七尾線・筑肥線

日本の商用周波数	在来線の電気方式	新幹線の電気方式
■ 50Hz	■ 交流 20,000V 50Hz	− 交流 25,000V 50Hz
■ 60Hz	■ 交流 20,000V 60Hz	▔ 交流 25,000V 60Hz
■ 50/60Hz 混合	■ 直流 1,500V	

図2-6　日本の商用周波数とJRグループの電気方式。新幹線開業で第三セクター鉄道になった並行在来線をふくむ

交流電車、交直流電車があります。

　なお、日本のJRグループの鉄道では、複数の電気方式（電化に用いる電気の種類）が混在しています（図2-6）。新幹線はすべて交流電化であるのに対して、在来線は直流電化と交流電化の区間がそれぞれあります。また、同じ交流電化でも、周波数が異なる区間が存在します。

　この背景には、日本における鉄道電化と商用周波数（電力会社が供給する交流の周波数）の歴史があります。日本の鉄道では、当初電化区間で直流電化のみが採用されていました。ところが第二次世界大戦後にフランスの鉄道で本格的な交流電化が実用化されると、日本の鉄道もこの影響を受け、1950年代から交流電化を導入しました。また、日本の電力会社は、東日本で50ヘルツ、西日本で60ヘルツと別々の周波数を商用周波数として採用したため、鉄道の交流電化も50ヘルツと60ヘルツの両方を採用しました。このため、日本の鉄道では、複数の電気方式

の電化区間が混在することになったのです。

なお、JRグループで交流電化の電圧が直流電化よりも高い
のは、地上の電気設備のコストを下げるためです。供給する電
力が同じである場合、電圧を上げると電流が小さくなり、電圧
降下が小さくなるので、架線に電力を供給する変電所の数を減
らすことができます。ただし、電気機関車や電車に電圧を下げ
る変圧器や、交流を直流に変換する整流器（またはコンバー
タ）を搭載する必要があるため、車両の製造や保守にかかるコ
ストが増えます。このため、交流電化の良し悪しは、地上の電
気設備と車両をふくめたトータルのコストで判断する必要があ
ります。

2-2 車両の種類

次に、鉄道における車両の種類をそれぞれ見ていきましょ
う。

●電車

電車は、主電動機（モーター）を動力源にして自走する車両
です（図2-7）。第8章で紹介する蓄電池電車や燃料電池電車を
除き、電化された区間のみを走行できます。

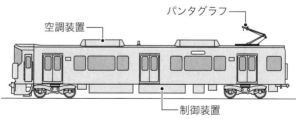

図2-7　電車の構造。JR西日本の227系電車

写真2-4　新幹線電車で使われた主電動機。左は100系用の直流モーターで、出力が230kW。右は300系用の交流モーターで、出力が300kW。右は左よりも容積が小さく、軽い

　電車は、主電動機の動力で車輪を回し、駆動するしくみになっています。その詳細は、本章の2-6でくわしく説明します。

　日本における電車の歴史は100年以上あり、その間に大きな技術革新がありました。それは、主電動機が直流モーターから交流モーターに変わったことです（写真2-4）。

　直流モーターは、制御が容易であるため、長らく電車の主電動機として使われてきました。ただし、電気的な接点である整流子があるゆえに故障しやすく、保守に手間がかかるという弱点がありました。いっぽう交流モーターは、制御が難しい反面、整流子がないため故障しにくく、小型・軽量化や保守が容易であるというメリットがありました。このため、パワーエレクトロニクス技術が発達して交流モーターの制御が可能になると、電車の主電動機として交流モーターが使われるようになり、主電動機とそれを制御する制御装置の両方で保守が容易に

なっただけでなく、主電動機や制御装置の小型・軽量化が図られました。

　なお、近年製造された電車は、すべて主電動機として交流モーターを採用しています。

●気動車

　気動車は、ディーゼルエンジンを動力源として自走する車両です（図2-8）。日本の鉄道の旅客車では、電車に次いで2番目に多い存在となっています。おもに非電化区間を走行しますが、電化区間を走行することもあります。

　気動車には、おもに液体式と電気式、ハイブリッド式があります（図2-9）。液体式は、液体変速機を介してエンジンの動力を車輪に伝える方式。電気式は、エンジンの動力で発電し、得られた電力でモーターを回して車輪に動力を伝える方式。ハイブリッド式は蓄電池（バッテリー）を搭載し、エンジンとモーターの両方を動力源とする方式で、エンジンとモーターを直列に配置するシリーズ方式と、並列で配置するパラレル方式があります。

　日本の鉄道では、長らく液体式気動車が使われてきました。電気式気動車は、電気機器が増えるゆえに故障しやすく、車両が重くなるなどの弱点があり、敬遠されていたからです。

　しかし、近年は電気式気動車が導入されるようになりまし

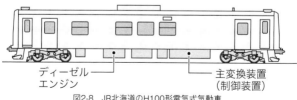

ディーゼル
エンジン

主変換装置
（制御装置）

図2-8　JR北海道のH100形電気式気動車

鉄道の科学

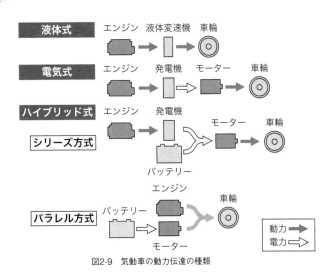

図2-9　気動車の動力伝達の種類

た。先述したパワーエレクトロニクス技術の発達によって、動力装置の小型・軽量化が実現し、保守が容易になったからです。

　また、近年はハイブリッド式気動車も導入されるようになりました（写真2-5）。これは、電気式気動車と同様に、機器の軽量化とメンテナンスフリー化が実現しただけでなく、大容量のリチウムイオン電池が実用化されたことが大きく関係しています。なお、日本のハイブリッド気動車では、シリーズ方式が採用されています。

●客車

　客車は、動力装置を持たない旅客車です（図2-10）。電車や気動車のように自走することができないので、機関車にけん引されて走ります（写真2-6）。

写真2-5　JR東日本のキハE200系ハイブリッド式気動車。動力伝達はシリーズ方式

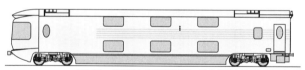

図2-10　JR東日本のE26系客車。動力装置を搭載していない

　一般的に客車は、電車や気動車よりも乗り心地が良いとされています。振動や騒音の発生源である動力装置を搭載していないので、客室に伝わる振動や騒音が小さいからです。このため客車は、代表的な旅客車として世界中の鉄道で使われています。

　ただし近年は、電車や気動車の改良が進んだことで、客車との乗り心地の差が小さくなっています。

　日本の鉄道では、かつては旅客車の多くが客車でしたが、現在は旅客車のほとんどが電車や気動車になり、客車は希少な存在となりました。現在の客車の活躍の場は、SL列車やイベン

写真2-6　茨城県と栃木県を通る真岡鐵道の50系客車。蒸気機関車やディーゼル機関車にけん引されて走行する

ト列車などのごく一部の旅客列車に限られています。

●貨車

貨車は、動力装置を持たない貨物車です（写真2-7）。機関車にけん引されて走行し、貨物を運びます。

貨車にはさまざまな種類があります。現在日本の鉄道でおもに使われている貨車には、コンテナを運ぶコンテナ車（図2-11）や、石油製品などの液体を運ぶタンク車があります。

アメリカの一部の貨物列車では、コンテナを上下2層で積んで走るコンテナ車が使われています。これは、1列車あたりの輸送力を増やしながら、コンテナを効率よく運ぶために開発された貨車です。

写真2-7　貨物列車で使われている貨車。写真はコンテナ車で、コンテナを搭載して走行する

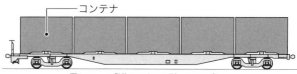

図2-11　JR貨物のコキ107形コンテナ車

●電気機関車

　電気機関車は、電気機関を動力源とする機関車です（図2-12、写真2-8）。動くしくみは、電車とほぼ同じであり、主電動機の動力で車輪を回して駆動します。ただし、1両あたりの出力が電車よりもはるかに大きいため、主電動機の出力や、制御装置などの動力機器の規模が電車よりも大きくなっています。動力機器のほとんどは車体の内側に設置されているため、外からは見えません。

　現在の日本の鉄道では、電気機関車の活躍の場はおもに貨物

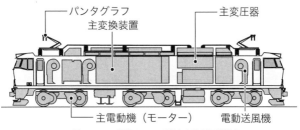

図2-12　JR貨物のEF510形交直流電気機関車

写真2-8　EF510形交直流電気機関車。手前はJR東日本、奥は
JR貨物所属。2010年撮影

列車に限られています。電車や気動車が増えた結果、客車で構成する旅客列車が大幅に減ったからです。この状況は、後述するディーゼル機関車も同じです。

●ディーゼル機関車

　ディーゼル機関車は、ディーゼルエンジンを動力源とする機

写真2-9　JR貨物のDF200形電気式ディーゼル機関車

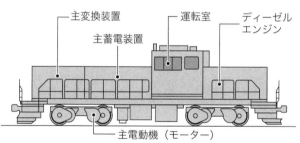

図2-13　JR貨物のHD300形ハイブリッド式ディーゼル機関車

関車です（写真2-9）。現在日本の鉄道では、おもに非電化区間を走る貨物列車をけん引する機関車として使われています。

　ディーゼル機関車の動力伝達方式は、気動車と同様に、おもに液体式や電気式、ハイブリッド式があります。日本の鉄道では、液体式ディーゼル機関車が長らく使われてきました。現在は電気式やハイブリッド式のディーゼル機関車が増えつつあり

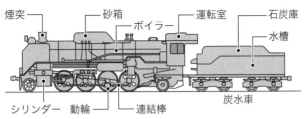

煙突　　　　砂箱　　　　　　運転室　　　石炭庫
　　　　　　　　　ボイラー　　　　　　　　　水槽

シリンダー　動輪　　連結棒　　　　炭水車

図2-14　国鉄のD51形蒸気機関車

写真2-10　東武鉄道で動態保存されているC11形蒸気機関車

ます（図2-13）。

● 蒸気機関車

　蒸気機関車は、蒸気機関を動力源とする機関車です（図2-14）。先述したように、日本の鉄道ではいったんすべて廃止された末に、その一部だけが走行できるように整備され、動態保存されています（写真2-10）。

蒸気機関車は、石炭と水を消費して走ります。石炭を燃やしたときに発生する熱でボイラー内部を加熱して、煙管（ボイラー内部を通る管）を流れる水を沸かし、発生した蒸気でシリンダー内部のピストンを動かして、その動力を車輪（動輪）に伝えて駆動します。

蒸気機関車の大きな特徴は、見た目や音で動いている様子がよくわかることです。大きな音を立て、煙や蒸気を吐きながら、連結棒を動かして動力を動輪に伝えて走るその姿は、電気機関車やディーゼル機関車が走る姿よりも迫力があります。

2-3 車両の基本構造

次に、車両の基本構造を見ていきましょう。ここで述べる基本構造とは、これまで紹介してきた種類の異なる車両でほぼ共通する構造のことです。

● 車両の外観

車両の外観は、その用途や種類によって異なります。ここでは、東京のJR山手線を走る電車（JR東日本E235系）を例にして、車両の外観を見ていきましょう（写真2-11）。なお、この電車は、JR東日本で「一般形電車」と呼ばれていますが、通勤・通学客の輸送に特化した構造になっているので、本節では「通勤形電車」の一種として紹介します。

この電車は11両編成で、前後両端の先頭車2両と、中間に組み込まれた中間車9両で構成されています。旅客が出入りする乗降口ドアは、各車両の車体の側面にあり、1両あたり4ヵ所（車体片側の数）設けられています。乗降口ドアの数が多いのは、大勢の旅客が短時間に乗り降りできるようにするための工夫であり、「通勤形電車」の大きな特徴です。

車外スピーカー

空調装置

行先表示器

パンタグラフ

車側灯

側窓

乗降口ドア
（側引戸）

前面窓

列車番号表示器

行先表示器

前照灯

編成番号

ワイパー

乗務員室ドア
（乗務員出入口）

台車

連結器
（密着連結器）

写真2-11　車両の外観（JR東日本E235系一般形直流電車・山手線用）

先頭車の先頭部には、乗務員（運転士や車掌）が乗務する部屋（乗務員室）があり、電車を運転するための運転台などの機器が設けられています。電車の中には、先頭部に貫通扉を設け、人が車両間を移動するための貫通路を設けた構造になっているものがありますが、この電車にはそれがありません。このため、先頭部には大きな前面窓があり、運転台からの視界が広くなっています。

● 電車の車内

次に、JR山手線の電車の車内を見てみましょう（写真2-12）。この電車は、乗務員室を除く車内のすべてが、旅客が乗る部屋（客室）になっています。また、進行方向に延びる長い座席（ロングシート）を設けることで、車内に立てる人を増やし、1両あたりの定員を増やしています。これは、輸送力が求められる「通勤形電車」の大きな特徴です。

● 車体と台車

次に、車両を構成する車体と台車の関係を見ていきましょう。

車両は、台車が車体を下から支える構造になっています（台車がない2軸車を除く）。車体は、箱状の部品、台車は線路の上を走るための走行装置です。

車両には、車体と台車の組み合わせが異なる種類があります。その代表例がボギー車と連接車です（図2-15）。

ボギー車は、車体に対して水平方向に回転する台車（ボギー台車）で車体を支える車両です。連接車とくらべると、1両ずつ切り離すことができ、車両の整備が容易であるというメリットがあります。

連接車は、車体間の連結部分に台車がある連接構造の車両で

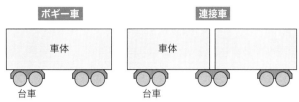

図2-15　ボギー車と連接車。台車の配置が異なる。日本の鉄道で使われている車両は、ほとんどがボギー車

す。ボギー車とくらべると、台車の数を減らすことができ、編成全体の重量を軽くできるというメリットがあります。ただし、ボギー車よりも車輪の数が少ないため、軸重（1本の車軸にかかる荷重）が大きくなることや、1両ずつ切り離すことができないというデメリットがあります。

　ヨーロッパの鉄道には、連接車の客車が存在します。たとえばフランスの高速列車（TGV）に使われている客車は、すべて連接構造になっています。

　いっぽう現在日本の鉄道で使われている車両は、ほとんどがボギー車であり、連接車は江ノ島電鉄の電車や、一部の路面電車に限られています。

●連結器

　連結器は、車両を連結するための装置です。たんに車両同士をつなぐだけでなく、引張力や圧縮力を伝える役目を果たしています。

　世界の鉄道では、世界最初の営業鉄道が開業したときからリンク式連結器を採用した車両が多く存在します（写真2-13）。リンク式連結器は、リンク（鎖）をフックに引っ掛け、ネジを使って締め付けるというシンプルなもので、現在もヨーロッパなどの一部の車両で使われています。

室内灯

吊り革
（吊手）

荷物棚

FUN!TOKYO!

握り棒

握り棒

袖仕切

ヒーター

写真2-12　車両の客室構造（JR東日本E235系一般形直流電車・山手線用）

鉄道の科学

写真2-13　リンク式連結器。イギリスのヨークにある国立鉄道博物館にて撮影

自動連結器　　　　**密着連結器**　　　　**密着自動連結器**

写真2-14　現在日本の鉄道で使われているおもな連結器

　いっぽう現在の日本の鉄道では、リンク式連結器は使われていません（博物館明治村のSL列車を除く）。日本最初の営業鉄道が開業してから大正時代までは使われていましたが、連結作業の危険性が問題視され、1927年までに後述する自動連結器に一斉に交換されました（一部鉄道除く）。

　現在日本の鉄道でおもに使われている連結器には、自動連結器や密着連結器、密着自動連結器があります（写真2-14）。自

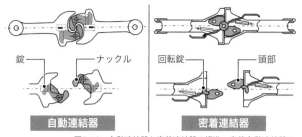

錠 ナックル 回転錠 頭部

自動連結器 密着連結器

図2-16 自動連結器と密着連結器の構造。密着自動連結器は、自動連結器と構造が似ているが、連結したときに生じる「遊間」と呼ばれるすき間を小さくしている

動連結器は、ナックルと呼ばれる部品が向かい合う構造になっています（図2-16左）。連結すると「遊間」と呼ばれるすき間ができ、発進時に列車をけん引する機関車にかかる負担を減らします。密着連結器と密着自動連結器は、連結すると「遊間」が小さくなる構造になっており、連結器に大きな引張力や圧縮力がかからない電車や気動車で使われています。密着連結器は自動連結器と構造が大きく異なります（図2-16右）。いっぽう密着自動連結器は、自動連結器と構造がよく似ており、自動連結器とも連結ができます。

　なお、電車の一部の中間車では、棒連結器や半永久連結器も使われています。棒連結器は、その名の通り棒状の連結器で、通常は車両同士を分離できない永久連結器として使われています。半永久連結器は分離できる連結器ですが、自動連結器や密着連結器とは構造が異なります。

●車両寸法

　車両には、さまざまなサイズ（寸法）のものが存在します。その大きさを示すものとしては幅や長さ、高さがあり、それぞ

れの最大値を最大幅・最大長・最大高と呼びます。

　ただし、車両の長さとしては、最大長ではなく連結面間距離がよく使われます。連結面間距離とは、車両の前後両側にある連結面（連結器同士が接する面）の距離のことで、連結器の突起の長さをふくみません。

　日本の鉄道には、さまざまな連結面間距離を採用した車両が存在します。たとえばJRグループの電車では、在来線が20m、新幹線が25mになっています。ただしこれらは中間車の値であり、先頭車はこれらよりも長くなっている例もあります。

● 車両限界

「車両限界」とは、鉄道における規格（寸法などについて定めた標準）の一つで、電車などの車両の断面が外側に越えてはならない限界範囲を指します。このため、車両は、すべての部品が車両限界の内側に収まるように設計されています。

　なお、線路にある構造物には「建築限界」と呼ばれる限界範囲があり、橋りょうやトンネルなどは、断面がこの内側に入らないように設計されています。

　つまり、車両限界と建築限界は、車両が線路の構造物と接触せずに安全に走るために定められた、断面に関する決まりなのです。

　車両限界と建築限界は、鉄道会社や路線などによって異なることがあります。たとえばJRグループの場合は、新幹線と在来線で車両限界が大きく異なります（図2-17）。

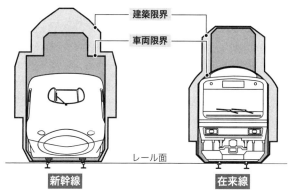

図2-17　JRグループの新幹線と在来線（電化区間）の車両限界と建築限界。車両の断面は車両限界の内側に収める必要がある

2-4 車体の構造

　次に、車体の構造をくわしく見ていきましょう。

●構体の構造

　まず紹介するのは、構体の構造です。構体とは、箱状になった車体の基礎部分のことであり、後述する座席やドアなどの設備はふくみません。

　構体は6面体に近い形をしているため、おもに6つの部品から構成されています（図2-18）。6つの部品とは、床と接する台枠と、屋根に使われる屋根構体、そして車体の前後両端の面と側面に使われる妻構体と側構体がそれぞれ2つずつあります。

　ここで紹介した屋根・妻・側という言葉は、木造建築でも使われています（図2-19）。たとえば柱や梁、垂木や幕板などと

鉄道の科学

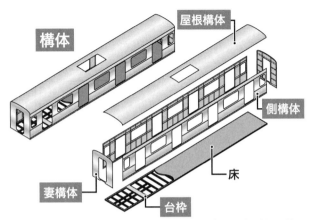

図2-18 構体の構造。木造建築で使われる妻・側・屋根という言葉を使う

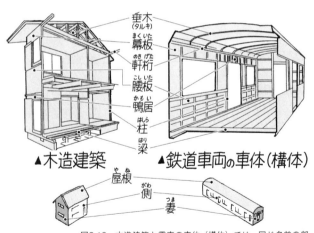

図2-19 木造建築と電車の車体（構体）では、同じ名前の部品が使われている

いうように、細かい部品においても、構体と木造建築では同じ名前が存在します。

このように、両者に同じ名前の部品が存在する理由は定かではありませんが、日本で客車の木製講体を大工が造ったことが関係しているという説があるようです。

なお、現在の日本の電車では、金属材料（普通鋼・ステンレス鋼・アルミニウム合金）で造った構体が使われています。金属材料は木材よりも強度が高く、燃えにくいという利点があるからです。

●座席

次に、車内に設けられた座席について見ていきましょう。座席は、旅客車の代表的な車内設備であり、乗車する旅客の身体と長い時間接する接客設備でもあります。なお、正確には、日本の鉄道では座席のことを「腰掛」と呼びますが、一般の方にはなじみがない言葉なので、本書では座席と呼ぶことにします。

座席には、おもにクロスシートとロングシートがあります。クロスシートはまくらぎ方向、ロングシートはレール方向に長くなった座席です。

クロスシートには、転換クロスシートや回転クロスシートがあります。転換クロスシートは背もたれを動かして向きを変える座席、回転クロスシートは水平方向に回転して向きを変える座席です。

日本の特急形電車や新幹線電車で多用されている回転リクライニングシートは、回転クロスシートの一種で、レバーを操作すると背もたれ（一部は座面も）が動くしくみになっています。

車内設備の代表例である座席は、時代とともに変化してきま

した。たとえばJRグループの前身である国鉄は、おもに「特急形」「急行形」「近郊形」「通勤形」と呼ばれる4つのタイプの電車を開発し、座席の種類や配置を明確に変えていました（図2-20）。このような車内設備はJRグループにも受け継がれましたが、近年は快適性を高めた「特急形」や、転換クロスシートを設けた「近郊形」が増えた一方で、「急行形」が消滅しました。また、東京圏の在来線では「通勤形」と「近郊形」の座席配置の両方を導入した電車が増え、「通勤形」と「近郊形」の境界が曖昧になったため、JR東日本は両者を合わせて「一般形」と呼ぶようになりました。

　いっぽう一部の民鉄（民営鉄道）では、ロングシートとクロスシートの両方に回転転換できる座席（デュアルシート）を導入した電車が存在します。日本で最初にデュアルシートを設けた電車としては、国鉄が1972年に開発した試作車と、近鉄が1996年に開発した改造車（試作改造の「L/Cカー」）が挙げられます。

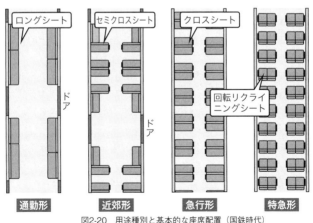

図2-20　用途種別と基本的な座席配置（国鉄時代）

　また、東京圏の民鉄では、近年デュアルシートの電車が増えています。たとえば東武や西武、京王、東急、京急では、デュアルシートの電車を導入しており、通常はロングシート、朝夕に走る座席指定制の通勤ライナーとして運用するときはクロスシートに切り替えています。

●デッキ（出入台）

　現在、特急形電車や新幹線電車では、乗客が過ごす客室とは別に、デッキ（鉄道業界では「出入台」と呼ぶ）を設けています（一部特急形電車を除く）。デッキは、後述する乗降口ドアとセットになった空間で、客室との間に仕切りを設けるのが一般的です。

　日本の鉄道では、デッキはかつて多くの客車に設けられていました。現在は一部の電車や気動車に設けられています。デッキがあると、車体側面の乗降口ドアが開いたときに、車外から客室に騒音や空気（暖気や寒気）が入りにくくなり、静粛性や保温性が高まって快適性が向上するからです。なお、厳寒地を走るJR北海道の多くの車両では、保温性を高める目的でデッキが設けられています。

●ドア

　車体側面には、乗降口ドアや乗務員室ドアがあります。これらは、それぞれ乗客、乗務員（運転士や車掌）が出入りするためのドアです。

　車両に使われるドアの構造には、おもに3種類あります（図2-21）。ドアが左右にスライドする引戸（ひきど）と、ドアが折り畳まれる折戸（おりど）、そして手前もしくは奥に向かってドアが開閉する開戸（ひらきど）です。現在日本の車両では、乗降口ドアに引戸や折戸、乗務員室ドアに開戸がおもに使われています。

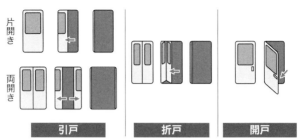

図2-21　車体側面のドアの構造例

　引戸には1枚のドアが開閉する片開きと、2枚のドアが開閉する両開きがあります。両開きは開閉にかかる時間が片開きよりも短く、開口部の幅を広くできるので、日本では短時間に多くの旅客が出入りする通勤形電車で多用されています。

　いっぽう折戸は、引戸とはちがい、ドアを収納する戸袋が必要ないというメリットがあります。日本ではかつて寝台車などの客車で使われていましたが、現在は近鉄の特急電車など、一部の電車に限って使われています。

　なお、鉄道では、乗客が出入りするドアとしてプラグドアを採用した例があります。プラグドアとは、車体の外側もしくは戸袋でスライドして開閉し、閉め切った状態で栓（プラグ）を閉めるように開口部にはまり込むドアです。車体側面とドアが同一面になるため美観に優れており、気密性が高くなるというメリットがあります。

　日本の鉄道では、新幹線電車や特急形電車、路面電車、気動車の一部でプラグドアが導入されています。また、海外の車両にも、プラグドアを採用した例が複数あります。たとえばフランスやドイツの高速列車（TGVやICE）や、パリの急行地下鉄（RER）では、プラグドアを設けた車両が使われています（写真2-15）。

写真2-15　パリの急行地下鉄（RER）。乗降口ドアにプラグドアを採用

2-5 台車の構造

●電車の台車

　次に、台車について説明しましょう。台車は、車体を下から支えながらレールの上を走行する走行装置です。

　台車は、多くの部品によって成り立っています（写真2-16）。そのメインとなるのは、台車のメインフレームである台車枠と、レールの上を転がる輪軸（車輪＋車軸）です。なお、車軸を支える軸箱や、それを支える軸箱支持装置、車体に伝わる振動や衝撃を緩和するサスペンション（ばねやダンパ）、ブレーキ装置なども重要な役割を果たしています。

　電車の場合は、電動台車と付随台車と呼ばれる2種類の台車が使われています。電動台車は、主電動機のある電動車（M車）、付随台車はそれがない付随車（T車）で使われています。

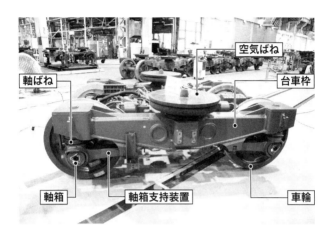

空気ばね

軸ばね

台車枠

軸箱

軸箱支持装置

車輪

主電動機

継手

車軸

車輪

駆動装置

軸箱

写真2-16　電車の台車（JR東日本E231系電車の電動台車）

　電動台車は、レールの上で駆動するための台車なので、付随台車にはない部品も組み込まれています。主電動機や、その動力を車軸に伝える継手や駆動装置がそれに該当します。

　なお、JR西日本の一部の電車では、電動台車と付随台車の両方で1つの車体を支える構造になっており、すべての車両が電動車として扱われています。

●台車の軽量化

　近年製造された電車では、ボルスタレス台車と呼ばれる台車が多用されています（図2-22）。ボルスタレス台車は、ボルスタ（車体の荷重を支えて台車枠に伝える梁）などの部品を省略して部品点数を減らした台車です。従来のボルスタ付き台車とくらべると、保守が容易で、軽いというメリットがあります。このため、電車の保守作業の簡素化や、軽量化による消費エネルギー量の軽減などを目的として導入されています。

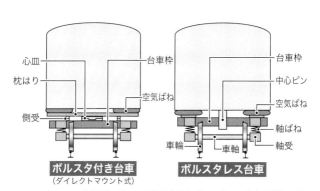

図2-22　ボルスタ付き台車とボルスタレス台車の構造。ボルスタレス台車はボルスタ付き台車よりも部品の数が少ないため軽く、メンテナンスが容易である

電車のメカニズム

　次に、電車を例に、動力装置を持つ車両が動くしくみをよりくわしく見ていきましょう。ここで紹介する電車は、構造がシンプルな直流電車です。

● **直流電車における電気の流れ**

　直流電車は、直流の電気を外部から取り込み、主電動機の動力で車輪を回して駆動します（図2-23）。この図は、代表的な集電装置であるパンタグラフが、線路に張られた電線（架線）に接触して電気を取り込む例を示しています。

　集電装置が取り込んだ電気は、制御装置と補助電源装置に流れます。制御装置は主電動機を制御する装置、補助電源装置は空調装置や照明装置などに電力を供給する装置です。

　運転士が運転台にある主幹制御器（マスターコントローラー、マスコン）のハンドルを動かし、力行の位置にすると、主幹制御器から制御装置に指令が伝わり、主電動機を制御します。このとき制御装置は、主電動機に電流を流し、回転速度や出力を調節します。

　主電動機の動力は、駆動装置を介して車軸に伝わります。すると車軸に固定された車輪が回転し、レールの上を転がりながら粘着駆動します。

　架線を通じて電車に送られた電気は、レールを通じて変電所に戻ります。

　ここまでは直流電車について説明しましたが、交流電車や交直流電車も、基本的な考え方は同じです。ただし交流電化に対応するため、変圧器や整流器（またはコンバータ）を搭載する点が異なります。

● 電気を取り込む集電装置

次に、集電装置と制御装置、駆動装置をよりくわしく見ていきましょう。

集電装置は、先述の通り外部から電気を取り込む装置で、おもに架線（線路の中空に張られた電線）と接触するタイプ（トロリーポール、ビューゲル、パンタグラフ）と、第三軌条（走行用レールとは別に敷かれた給電用の3本目のレール）と接触するタイプ（集電靴）があります。なお、トロリーポールとビューゲルは、パンタグラフよりも性能が劣るため、現在日本の鉄道ではほとんど使われていません。

パンタグラフは、電車で使われる代表的な集電装置です。架線と接触するすり板を垂直方向に押し上げる構造になっているため、進行方向が変わっても向きを変える必要がなく、高速走行時でも集電できるというメリットがあります。

パンタグラフには、構造が異なる種類が存在し、代表例が3種類（菱形、下枠交差形、シングルアーム形）あります（写真2-17）。菱形は、その名の通り横から見ると菱形になっているタイプ。下枠交差形は、下半分の枠組みを交差させることで、折り畳んだときに屋根上における占有面積を小さくしたタイプ。シングルアーム形は、横から見ると枠組みが「く」の字形になっているものです。シングルアーム形は、菱形や下枠交差形よりも構造がシンプルで、部品点数が少なく、着雪の重みによってすり板の位置が下がりにくいという特長があるため、近年国内で製造された電車で多用されています。

次に集電靴を見ていきましょう（写真2-18）。集電靴は、線路に敷かれた給電用のレール（第三軌条）と接触して電気を取り込むタイプで、日本では東京メトロ銀座線・丸ノ内線などの地下鉄路線の一部で使われています。地下鉄で使われているの

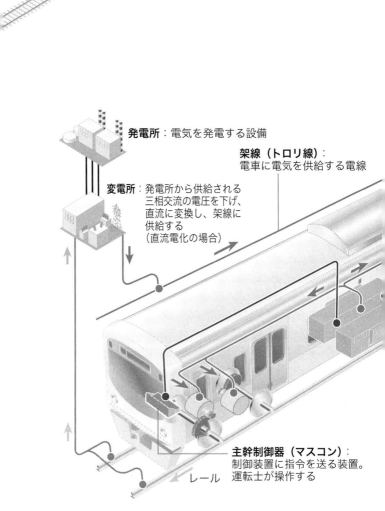

発電所：電気を発電する設備

架線（トロリ線）：
電車に電気を供給する電線

変電所：発電所から供給される
三相交流の電圧を下げ、
直流に変換し、架線に
供給する
（直流電化の場合）

主幹制御器（マスコン）：
制御装置に指令を送る装置。
運転士が操作する

レール

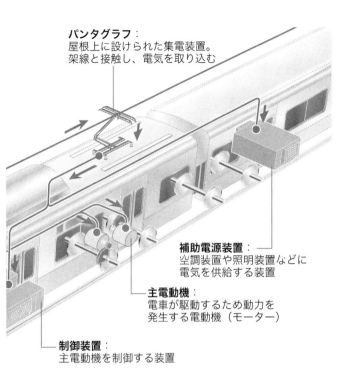

パンタグラフ：
屋根上に設けられた集電装置。
架線と接触し、電気を取り込む

補助電源装置：
空調装置や照明装置などに
電気を供給する装置

主電動機：
電車が駆動するため動力を
発生する電動機（モーター）

制御装置：
主電動機を制御する装置

図版提供：東洋電機製造株式会社

図2-23　直流電車における電気の流れ

菱形 　　　　　下枠交差形 　　　シングルアーム形

写真2-17　パンタグラフのおもな種類

写真2-18　集電靴（矢印）

は、線路に第三軌条を敷設する第三軌条方式を採用すると、架線を設ける架線方式よりも建築限界を小さくでき、トンネルの断面積を小さくして建設費を節約できるという利点があるからです（図2-24）。

　なお、海外では、架線方式や第三軌条方式以外に、第四軌条方式と呼ばれるものが存在します。これは、走行用のレール2本とは別に給電用のレール2本を線路に敷くもので、台車に設

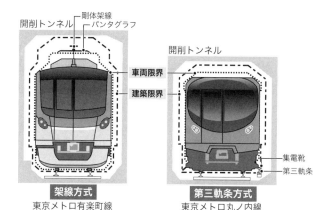

図2-24　架線方式と第三軌条方式のトンネル断面。第三軌条の方がトンネルの断面積が小さくでき、建設費を節約できる

写真2-19　第四軌条方式を採用したロンドン地下鉄のサークルライン（環状線）

けられた集電靴が給電用のレールと接触する構造になっています。代表的な導入例には、ロンドン地下鉄のサークルライン（環状線）があります（写真2-19）。

●走行速度をコントロールする制御装置

制御装置は、運転士が操作する主幹制御器（マスコン）からの指令に従って電車の走行速度を調節する装置であり、主電動機の出力や回転速度を制御する役割があります。

制御装置の制御方式には、さまざまな種類があります（図2-25）。かつては主電動機として長らく直流モーターが使われてきたため、それを制御するための抵抗制御や低圧タップ制御などの方式が使われていました。いっぽう、近年国内で製造された電車は、主電動機として交流モーターを採用しており、それを制御する制御方式としてVVVFインバータ制御を使っています。

VVVFインバータ制御は、交流モーターを制御するために開

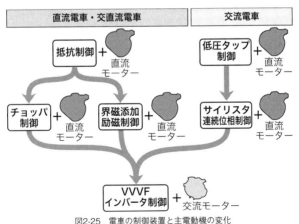

図2-25　電車の制御装置と主電動機の変化

発された制御方式です。高速でオン・オフするパワー半導体を
作動させ、直流を三相交流に変換し、三相交流モーターに流し
ています。「VVVF」は、可変電圧可変周波数（Variable
Voltage Variable Frequency）という和製英語の略称であり、
三相交流モーターに流す電気の電圧とその周波数を変化させる
ことで出力や回転速度を変える構造になっています。

　VVVFインバータの制御装置は、従来の制御装置よりも電気
的な接点を大幅に減らしてあり、故障しにくくなっています。
また、消費電力を減らす工夫がしてあるため、省エネ化にも寄
与しています。

●動力を伝える駆動装置

　駆動装置は、主電動機の動力を車軸に伝える装置です。電車
を駆動させるだけでなく、電車そのものの乗り心地を左右する
重要な装置です。

　駆動装置には、構造が異なる種類があります。日本の電車で
は、おもに吊掛駆動とカルダン駆動を採用した駆動装置が使わ
れています（図2-26）。

　吊掛駆動は、その名の通り、主電動機を車軸と台車枠に吊り
掛けるように配置する方式です。構造はシンプルで、継手は不
要ですが、車軸から台車枠に振動や衝撃が伝わりやすいだけで
なく、ばね下重量（ばねよりも車輪側にある部品の総重量）が
大きくなり、主電動機や軌道（レールをふくむ線路側の設備）
に与える負担が大きくなるという弱点があります。

　いっぽうカルダン駆動は、主電動機を台車枠のみに固定する
方式です。主電動機の動力が継手を介して車軸に伝わる構造に
なっているため、車軸から台車枠に振動や衝撃が伝わりにくい
だけでなく、ばね下重量が小さくなり、主電動機や軌道に与え
る負担が小さくなるというメリットがあります。

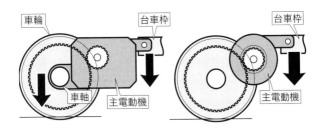

吊掛駆動	**カルダン駆動**
主電動機の重量が 車軸と台車枠の 両方にかかる	主電動機の重量が 台車枠のみに かかる

図2-26　吊掛駆動とカルダン駆動

　カルダン駆動には、いくつかの種類があります（図2-27）。主電動機の回転軸と車軸が平行になるものを平行カルダン駆動、直角になるものを直角カルダン駆動と呼びます。

　いっぽう、日本の電車では、中空軸平行カルダン駆動が長らく使われていました（図2-28）。中空軸平行カルダン駆動は、平行カルダン駆動の改良型で、台車内部の狭い空間に主電動機と駆動装置を収めることができるという特長があります。このため日本では、1950年代後半から、左右のレールの間隔が狭い狭軌を走る電車に導入されました。なお、現在は、小型で高出力な交流モーターの導入によって空間的な余裕ができたため、狭軌の電車でも一般的な平行カルダン駆動が使われています。

　電車にカルダン駆動を導入すると、吊掛駆動とくらべて車内における乗り心地が良くなるだけでなく、走行速度を上げることができるというメリットがあります。このため現在の日本の鉄道では、一部の路面電車や鉄道を除き、ほとんどの電車がカルダン駆動を採用しています。

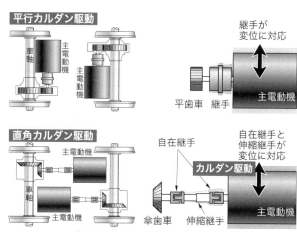

図2-27 平行カルダン駆動と直角カルダン駆動

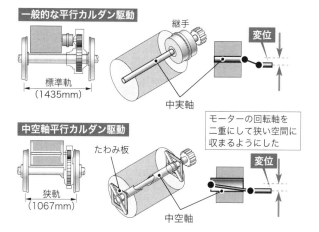

図2-28 中空軸平行カルダン駆動

2-7 ブレーキ装置

　車両が線路を安全に走るには、減速して止まるためのブレーキ装置が必要です。車両で使われるブレーキ装置には、さまざまな種類があります（図2-29）。ブレーキ装置には、ブレーキ機構とブレーキ制御があります。

● ブレーキ機構

　ブレーキ機構は、ブレーキ力を発生させる機構であり、摩擦ブレーキと動力ブレーキに大別されます。

　摩擦ブレーキには、車輪の踏面に制輪子を押し当てる踏面ブレーキ（図2-30）や、車軸に固定されたブレーキディスクにライニングを押し当てるディスクブレーキ（図2-31）、レールに

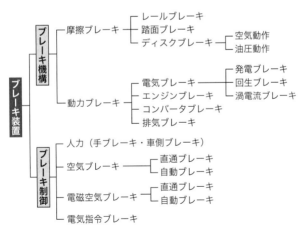

図2-29　車両で使われるブレーキ装置のおもな種類

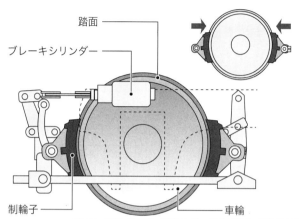

踏面

ブレーキシリンダー

制輪子

車輪

図2-30　踏面ブレーキ（両抱き式）。車輪の踏面に制輪子を押し当てる

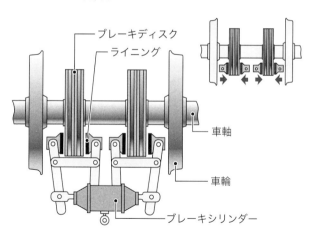

ブレーキディスク

ライニング

車軸

車輪

ブレーキシリンダー

図2-31　ディスクブレーキ。車軸に固定されたブレーキディスクにライニングを押し当てる

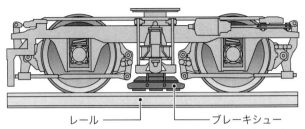

レール ──────── ブレーキシュー

図2-32 レールブレーキ。現在日本では、小田急箱根（元・箱根登山鉄道）の急勾配区間を走行する電車や、広島電鉄などを走る路面電車で使われている

ブレーキシューを押し当てるレールブレーキがあります（図2-32）。

　動力ブレーキには、電気ブレーキやエンジンブレーキ、コンバータブレーキ、排気ブレーキがあります。電気ブレーキは電車や電気機関車、その他のブレーキは気動車やディーゼル機関車で使われています。なお、電気式やハイブリッド式の気動車やディーゼル機関車では、電気ブレーキも使われています。

　電気ブレーキには、発電ブレーキと回生ブレーキ、そして渦電流ブレーキがあります。

　発電ブレーキと回生ブレーキは、主電動機を使ったブレーキです。主電動機は、力行時（車両が引張力を発生させて走行するとき。発進時・加速時・登坂時に相当）には電気を消費して動力を車輪（車軸）に伝えますが、惰行時には車輪が主電動機を回し、発電します（図2-33）。発電ブレーキは、その電気をブレーキ抵抗器で消費し、熱として放出するというエネルギーの移動によってブレーキ力を得ます。回生ブレーキは、その電気を架線に戻し、他の電車に消費してもらうことでブレーキ力を得ます（図2-34）。

　渦電流ブレーキは、渦電流によって生じる電磁力を利用して

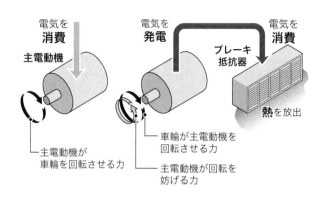

力行　　　　　発電ブレーキ

図2-33　発電ブレーキの原理

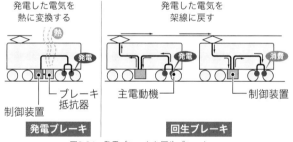

発電ブレーキ　　　　回生ブレーキ

図2-34　発電ブレーキと回生ブレーキ

ブレーキ力を得ます。代表例には、レールに渦電流を流す渦電流レールブレーキや、ブレーキディスクに電流を流す渦電流ディスクブレーキがあります。日本では、一部の新幹線の電車（100系）で渦電流ディスクブレーキが使われました。

電気ブレーキ以外の動力ブレーキには、エンジンブレーキやコンバータブレーキ、排気ブレーキがあります。これらは、デ

ィーゼルエンジンや液体変速機（トルクコンバータ）を使った
ブレーキで、ディーゼル機関車や気動車で使われています。エ
ンジンブレーキは、エンジン出力を絞ったときのエンジンの抵
抗を利用してブレーキ力を得ます。コンバータブレーキは、液
体変速機で生じる抵抗を利用してブレーキ力を得ます。排気ブ
レーキは、エンジンの排気管に設けた排気遮断弁を閉じること
で生じる排気抵抗を利用してブレーキ力を得ます。

● ブレーキ制御

　いっぽうブレーキ制御は、ブレーキ指令に応じてブレーキ力
の強弱を調節する装置を指します。運転士がブレーキをかける
ために運転台のブレーキ弁ハンドル、もしくはマスコンハンド
ルを操作すると、その指令が空気や電気によって各車両のブレ
ーキ装置に伝わり、ブレーキ力を制御するしくみになっていま
す。

　電車で使われているブレーキ制御装置には、空気で指令する
方式と、電気で指令する方式（電気指令ブレーキ）があります
（図2-35）。電気指令ブレーキは、空気で指令する方式よりも応
答時間が短いため、近年製造された電車や気動車などで使われ
ています。なお、空気で指令する方式の電車と、電気で指令す
る方式の電車を連結して走らせるときは、「ブレーキ読替装
置」と呼ばれる装置で両者のブレーキ指令を変換し、編成全体
に伝えるようになっています。

　車両のブレーキは奥が深いです。ここでは簡潔に説明しまし
たが、鉄道の運転士がブレーキについて学ぶことは多く、とて
も1冊の新書にまとめることはできません。運転士の養成のた
め、ブレーキだけで1冊のテキストを用意している鉄道会社も
あるほどです。かく言う私は、ある大手鉄道会社の電車運転士
養成テキストを執筆したことがあり、ブレーキを理解する難し

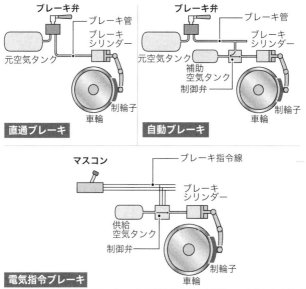

図2-35　ブレーキ制御装置のおもな種類。この他にも直通ブレーキと自動ブレーキに電磁弁を追加して応答性を高めた電磁直通ブレーキや電磁自動ブレーキがある

さを思い知らされました。

2-8 カーブを高速で走行できる車両

　車両の中には、カーブ（曲線区間）を高速で走行できる車両が存在します。本節では、そのメカニズムを紹介します。

●カーブ走行時に起こる問題

　車両が過度な速度でカーブを走行すると、遠心力によって走行安定性が低下し、脱線や転覆が発生しやすくなります。もし

速度を下げてこれらを避けることができたとしても、おもに2つのことが問題になります。それは、「軌道の破壊」と「乗り心地の悪化」です。

　まず、「軌道の破壊」が起こるメカニズムを説明します。車両がカーブに差しかかると、アタック角（車軸の向きとカーブ中心からの延長線の間に生じる角度）が大きくなり、横圧（車輪がレールを横方向に押す力）が増大して、軌道に負担が増えます（図2-36）。このため、車両が過度な速度でカーブに差しかかると、大きなきしり音（車輪とレールがすれあって出る音）が発生するだけでなく、軌道の破壊が起こる危険性が高くなります。

　次に、「乗り心地の悪化」について説明します。車両がカーブ（曲線区間）に差しかかると、遠心力の影響が車内にいる乗客に及ぶため、乗り心地が悪くなります（図2-37）。線路では、これを緩和するために左右のレールに「カント」と呼ばれる高低差をつけ、車両を傾斜させていますが、この角度が不足すると、乗客に及ぶ遠心力の影響が大きくなり、乗り心地が悪くなります。

　以上説明した「軌道の破壊」や「乗り心地の悪化」を防ぐには、あらかじめカーブを通行できる速度の上限（制限速度）を定め、安全性と快適性の両方を保つ必要があります。

　冒頭で紹介した「カーブを高速で走行できる車両」は、高速化や所要時間の短縮を目的として、特殊な機構を採用し、従来よりも制限速度を引き上げた車両です。ここで言う特殊な機構には、操舵台車や車体傾斜機構があります。

● 車軸の向きが変わる操舵台車

　操舵台車は、カーブ通過時に車軸の向きを変えて、アタック角を小さくする台車です（図2-38）。日本の営業用車両では、

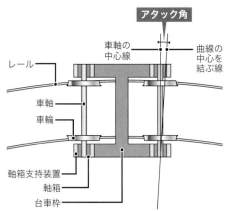

図2-36　アタック角。車軸の中心線と曲線の中心を結ぶ線の角度

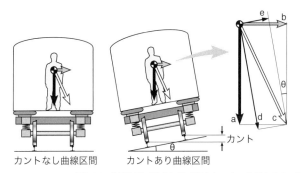

カントなし曲線区間　　カントあり曲線区間

図2-37　曲線区間で乗客に働く遠心力。カントがあると、乗客が感じる遠心力が小さくなる。a：重力（カントなし）、b：遠心力（カントなし）、c：重力と遠心力を合成した力、d：カントありで乗客が感じる重力、e：カントありで乗客が感じる遠心力、θ：カントの角度（車体の角度）

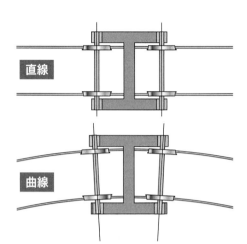

図2-38 操舵台車のイメージ。カーブ通過時のアタック角を小さくする構造になっている

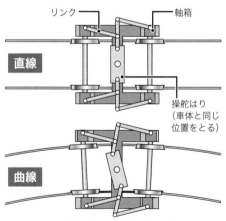

リンク機構によって軸箱の位置が変わる

図2-39 リンク式操舵台車の構造。

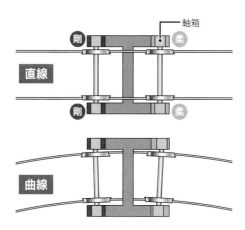

台車の前後で軸箱支持の硬さが異なる
図2-40　前後非対称操舵台車の構造

リンク式操舵台車や前後非対称操舵台車を導入した例があります。

　リンク式操舵台車は、リンク機構を使って車軸の向きを強制的に変える台車です。おもな導入例には、JR北海道のキハ283系気動車や、仙台市営地下鉄2000系電車があります（図2-39）。なお、東京メトロや東武の一部電車では、主電動機で駆動しない車軸（T軸）のみがリンクで動くユニークなリンク式操舵台車を採用しています。

　前後非対称操舵台車は、2本の車軸を支える軸箱のうち、いっぽうを「柔らかく」、もういっぽうを「硬く」前後方向に支持した台車です（図2-40）。国内の導入例には、JR東海の383系電車があります。

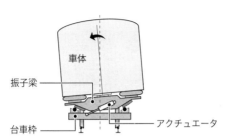

図2-41　制御付き自然振子式。空気で動くアクチュエータが車体の傾斜をサポートする構造になっている

図2-42　空気ばね式。左右の空気ばねの高さを変えて車体を傾斜させる

●乗り心地を高める車体傾斜機構

　車体傾斜機構は、カーブ通過時に車体をカーブ内側に傾斜させ、遠心力が乗客に与える影響を小さくする機構であり、振子式と空気ばね式があります。

　振子式は、代表的な車体傾斜機構であり、自然振子式と強制振子式があります。自然振子式は、車体重心に働く遠心力を使って車体を傾け、強制振子式は油圧などを使って強制的に車体を傾けます。

　現在日本の鉄道に導入されている振子式車両は、すべて自然振子式です。また、国鉄時代に製造されたJR西日本の381系電

車を除き、そのすべては「制御付き自然振子式」を採用してお
り、「アクチュエータ」と呼ばれる空気圧シリンダを用いて車
体傾斜のタイムラグ（時間差）をなくすことで、乗り心地の改
善を図っています（図2-41）。

　いっぽう強制振子式は、イタリアやドイツ、スペインなどの
営業用車両に導入された実績があります。日本では、1960年代
に小田急が強制振子式の電車を試験的に開発したことがありま
したが、制御の信頼性がネックとなり、営業用車両への導入に
は至りませんでした。

　空気ばね式は、車体を支える左右の空気ばねの高さを変えて
車体を傾斜させるものです（図2-42）。振子式とくらべると、
機構がシンプルで、車両設計の自由度が増えるという利点があ
るいっぽうで、圧縮空気の消費量が増える、車体の傾斜角を大
きくするのが難しいなどの弱点があります。

2-9 電車の乗り心地を良くする工夫

　電車の乗り心地は、車内における振動や騒音、換気、照明、
眺望などによって左右されます。本節では、車体の振動のみに
注目し、それを小さくするための工夫を紹介します。

●車体の振動のパターン

　電車が走行するときは、車体がさまざまな方向に振動します
（図2-43）。そのうち、車体をほぼ剛体（変形しないもの）とみ
なした場合の振動は、直線振動と回転振動があります。電車の
重心Gを原点とした座標軸をとった場合、直線振動は、x軸・
y軸・z軸方向の振動で、それぞれ「前後振動」「左右振動」
「上下振動」と呼びます。回転振動は、x軸・y軸・z軸を中
心に回転する振動で、それぞれ「ローリング（横揺れ）」「ピッ

鉄道の科学

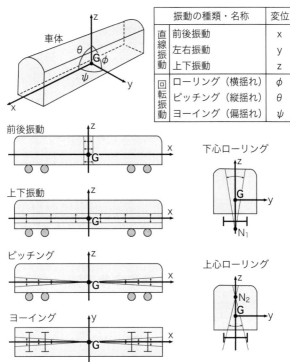

振動の種類・名称		変位
直線振動	前後振動	x
	左右振動	y
	上下振動	z
回転振動	ローリング（横揺れ）	ϕ
	ピッチング（縦揺れ）	θ
	ヨーイング（偏揺れ）	ψ

図2-43　車体の振動の種類。Gは車両の重心を示す

チング（縦揺れ）」「ヨーイング（偏揺れ）」と呼びます。また、「ローリング」のうち、回転中心が重心よりも下にあるものを「下心ローリング」、上にあるものを「上心ローリング」と呼びます。

●振動を小さくするサスペンション

　車両には、これらの振動を小さくして乗り心地を良くする装

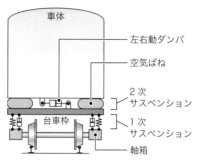

車体

左右動ダンパ

空気ばね

2 次
サスペンション

1 次
サスペンション

台車枠

軸箱

図2-44　車体に伝わる振動や衝撃を小さくするサスペンション

置があります。そのうち、車輪から車体に振動を伝わりにくくする装置はサスペンションと呼ばれ、台車枠よりも車輪側に設ける一次サスペンションと、台車枠よりも車体側に設ける二次サスペンションがあります（図2-44）。

●左右方向の振動を小さくする振動制御装置

　近年日本で製造された電車の中には、左右方向の振動を積極的に抑える振動制御装置を導入したものが存在します。振動制御装置は、車体と台車の間に設けられた左右動ダンパを制御して、車体の左右方向の振動を積極的に抑える装置です。この装置には、振動の大きさに応じて油圧ダンパの「硬さ」を変えるセミアクティブサスペンションと、空気式または電気式のアクチュエータを使い、外力によって振動を積極的に抑え込むフルアクティブサスペンションがあります。セミアクティブサスペンションはJR西日本の500系新幹線電車、フルアクティブサスペンションはJR東日本のE2系1000番台新幹線電車で、それぞれ日本で最初に本格導入されました。近年は、JR在来線の特急形電車や、近鉄「ひのとり」、西武「ラビュー」、東武「スペーシアX」などの民鉄の特急形電車でも導入されています。

写真2-20　JR東日本E5系新幹線電車の車体間ヨーダンパ（矢印）

●連結部分に設ける車体間ヨーダンパ

　また、近年製造された電車では、車体間ヨーダンパを導入した例があります（写真2-20）。車体間ヨーダンパとは、連結部分の車体と車体の間に設けるダンパで、車体のヨーイングを小さくする役割があります。日本では、JR西日本の500系新幹線電車で最初に導入され、その後登場した新幹線電車にも導入されるようになりました。また、JR東日本の在来線を走るE657系電車のように、車体間ヨーダンパを導入した特急形電車も存在します。

2-10 構造が特殊な車両

　日本の鉄道車両のなかには、構造や用途が特殊なものが存在します。ここでは、その代表例として貨物電車とDMVを紹介

します。なお、浮上走行する浮上式鉄道の車両は第5章、ゴムタイヤ式電車やリニアメトロの電車は第6章、蓄電池電車や燃料電池電車は第8章で説明します。

● 貨物電車

　貨物電車は、旅客ではなく貨物を輸送する電車であり、その代表例としてJR貨物のM250系電車があります（写真2-21）。M250系電車は2004年に東京—大阪間を結ぶ貨物列車の一部に投入され、営業運転を開始しました。この電車は16両編成（電動車4両・付随車12両）で、前後両端に2両ずつ電動車があり、コンテナを搭載できる構造になっています。

　M250系は、貨物列車の所要時間の短縮を目的として開発されました。機関車がけん引する貨車列車を電車化することで、軸重（1本の車軸にかかる荷重）を下げて加速・減速性能を高め、貨物列車の高速化を実現しています。

写真2-21　日本唯一の貨物電車。JR貨物M250系電車

写真2-22 線路と道路の両方を走行できるDMV（JR北海道が開発した試作車）

●DMV

　DMVは、線路と道路の両方を走行できる小型の旅客車で、Dual Mode Vehicle（デュアル・モード・ビークル）を略してそう呼ばれています（写真2-22）。道路ではゴムタイヤ車輪のみで走行し、線路ではゴムタイヤの後輪（駆動輪）と鉄車輪の両方がレールの上を転がって走ります。動力源はディーゼルエンジンです。

　このような線路と道路の両方を走行できる旅客車は、第二次世界大戦前からドイツなど複数の国で開発されたものの、なかなか実用化には至りませんでした。いっぽう日本のJR北海道は、2004年にマイクロバスを改造してDMVを試作し、2007年に試験的な営業運転を実現させました。その後JR北海道はDMVの開発から撤退しましたが、2021年に徳島県の阿佐海岸鉄道に定員22名のDMVが導入され、本格的な営業運転を始め

ました。

　DMVは、道路も走行でき、従来の気動車よりも走行ルートの選択肢が多いため、地方の公共交通を活性化する車両として期待されたこともありました。ただし、1両の定員が従来のバス以下であり、導入してもコスト削減につながりにくいため、その有用性を疑問視する声もあります。

2-11 車両のメンテナンス

　車両にとって定期的なメンテナンス（保守）は重要です（写真2-23）。メンテナンスをしないと、線路を安全に走行できる状態を保つことができないからです。

写真2-23　新幹線電車の定期検査。JR東海浜松工場一般公開時に撮影

	検査周期	
	新幹線電車	新幹線以外の電車
①列車検査 （仕業検査）	48時間	3〜10日
②状態・機能検査 （交番検査）	30日または走行3万km を超えない期間	3ヵ月または走行3万km を超えない期間
③重要部検査	1年6ヵ月または走行60 万kmを超えない期間	4年または走行60万km を超えない期間
④全般検査	3年または120万kmを 超えない期間	8年を超えない期間

表2-3　車両検査の種類と検査周期（電車の例、鉄道事業者や車種によって周期が異なる）

●定期的に実施される車両検査

　車両のメンテナンスでは、次に示す4種類の検査があり、それぞれ車種によって検査の内容や実施する周期が異なります（表2-3）。

　①の「列車検査」は、短い周期（数日ごと）に行われる検査で、ブレーキ装置や標識灯などの主要部品を点検します。車体を分解せず、かつ車両を運用から外さずに実施される検査で、「仕業検査」とも呼びます。

　②の「状態・機能検査」は、集電装置や主電動機、制御装置、台車などを、カバーを外すなどして実施する検査です。「交番検査」または「月検査」とも呼びます。

　③の「重要部検査」は、車両を解体して行う検査で、動力発生装置や走行装置、ブレーキ装置などの重要部品の装置や計器を分解して細かいところまで点検します。

　④の「全般検査」は、車両検査でもっとも大がかりな検査で、車両を解体して主要部品を取り外し、総合的に点検します。いわゆるオーバーホールで、自動車の車検に相当します。

●TBMからCBMへ

　日本の鉄道では、車両や線路のメンテナンスの考え方が大きく変わろうとしています。これまでは、周期をあらかじめ決めて定期的に検査を実施し、定められた基準を超える異常が確認されたときに修繕を行ってきました。いっぽうこれからは、車両の機器や線路の設備の状態を正確に把握するため、データを自動的かつ継続的に取得して分析し、劣化を予測することが求められます。つまり、TBM（時間基準保全：Time Based Maintenance）からCBM（状態基準保全：Condition Based Maintenance）への転換を図ることで、メンテナンスにかかるコストを削減することが求められているのです。

　もし鉄道を人間に例えるならば、これまでは定期的に健康診断を受け、異常が見つかったときに対処していたのに対して、これからは身体にセンサーを取り付け、状態を常時監視して、異常の予兆をより早く把握するということです。

　CBMの考え方は、すでに車両のメンテナンスに反映されています。たとえばJR東日本の山手線の電車（E235系）では、機器の状態を示すデータを地上設備に送信することで、外部からのモニタリングを可能にしています。つまり、電車の状態を常時監視することで、機器の劣化を把握し、故障を未然に防ぐことができるようになっているのです。

　なお、CBMの考え方は、線路のメンテナンスにも反映されています。これについては第3章の3-7でくわしく説明します。

コラム　列車と車両の区別

「列車」と「車両」という言葉は、同じものを示しているように
も思えます。たしかに「列車」と「車両」は、列車番号表示
を除き、見た目は同じです。

　ところが、鉄道現場では、これらを状態に応じて明確に区別
して使っています。かんたんに言うと、列車番号があるものを
「列車」、ないものを「車両」と呼んでいるのです。列車番号と
は、それぞれの列車を識別するための番号で、「1234M」など
というように、数字やアルファベット（電車または気動車で運
転するときに使う）を使って示します。

　ここでは、車両基地に停車している電車が「車両」から「列
車」になる例を説明しましょう（図2-45）。この図は、電車が
車両基地から営業列車の始発駅（A駅）まで移動する様子を示
しています。車両基地に停車している電車は、列車番号がつい
ていないので「車両」です。

　この電車が発車すると、入換信号機の現示に従って車両基地
内を移動し、本線に入る手前の出発信号機の前で停車します。
そして出発信号機が「進行」を現示すると、電車は「車両」か
ら「列車」となり、列車ダイヤに記された列車番号がつきま
す。その後は本線に乗り入れて「回送列車」として始発駅に向
かい、始発駅で「回送列車」から「営業列車」になり、旅客を
乗せて次の停車駅に向かいます。つまり、旅客を乗せている電
車はすべて「列車」なのです。

　このように電車は、列車番号の有無によって「車両」になっ
たり「列車」になったりするので、鉄道現場で働く人は、それ
らを明確に区別して呼んでいます。これは電車だけでなく、す
べての鉄道車両に共通しています。

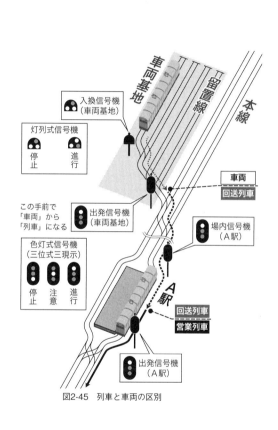

入換信号機
（車両基地）

灯列式信号機

停止　　進行

この手前で
「車両」から
「列車」になる

出発信号機
（車両基地）

色灯式信号機
（三位式三現示）

停止　注意　進行

車両基地

留置線

本線

車両
回送列車

場内信号機
（A駅）

A駅

回送列車
営業列車

出発信号機
（A駅）

図2-45　列車と車両の区別

線路のメカニズム

三線分岐器

鉄道の車両は、線路がないと走ることができません。なぜならば、レールを敷いた線路がないと、車両は自らを支え、進路を案内し、駆動することができないからです。

　本章では、このような線路のメカニズムを紹介します。

3-1 線路と軌道の構造

●線路の構造

　線路とは、車両の通り道をふくむ施設の総称です。日本産業規格（JIS）の「鉄道 - 線路用語」では、「列車又は車両を走らせるための通路であって、軌道及びこれを支持するために必要な路盤、構造物を包含する地帯」と定義されています。

　線路は、軌道や電気設備、そして土木構造物によって成り立っています。軌道は、車両の進路を案内しながら、その荷重を支える構造物です。電気設備は、その名の通り電気関連の設備です。土木構造物は、線路の基礎部分で、車両や軌道、電気設備を支える役割をしています。

●軌道の構造

　軌道には、構造が異なる種類があります。おもなものには、バラスト軌道やスラブ軌道、弾性まくらぎ直結軌道があります。

・バラスト軌道

　バラスト軌道は、バラストと呼ばれる砂利（砕石）を敷き詰めた軌道です（写真3-1）。路盤（軌道を下から支える層）の上には、バラストを一定の厚さで盛ったバラスト道床があり、そこにまくらぎがほぼ等間隔で置かれています（図3-1）。レール

写真3-1　バラストを敷き詰めたバラスト軌道

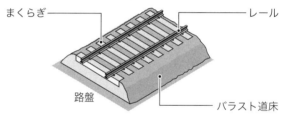

図3-1　バラスト軌道の構造

は、まくらぎの上に締結されています。バラストは、まくらぎ
を支え、路盤にかかる荷重を分散させます。車両通過時に発生
する振動や衝撃を吸収するクッションのような役割だけでな
く、音を吸収する吸音材のような役割も果たしています。

　バラスト軌道は、鉄道の軌道として長らく使われてきまし
た。構造がシンプルで、材料が安価であり、災害時の復旧も容
易であるというメリットがあるからです。

　いっぽうバラスト軌道には、メンテナンスに手間がかかると

いう弱点があります。バラスト軌道は、車両の通過によって繰り返し荷重がかかると、まくらぎが沈下したり、レールの位置がずれたりします。また、荷重によってバラストの角が丸くなる、もしくは割れて小さくなると、バラスト道床のすき間が狭くなり、クッションがききにくくなります。このため、バラストを交換する、もしくはバラスト道床を突き固めるなどのメンテナンスを定期的に実施しないと、クッションがきく良好な状態を保つことができないのです。

　バラスト軌道のメンテナンスに必要な作業の一部は、現在は後述する通り機械化されています。ただし、それでも人力に頼らざるを得ない作業が多く、次に紹介するスラブ軌道や弾性まくらぎ直結軌道とくらべると、メンテナンスに手間がかかることには変わりありません。

・スラブ軌道と弾性まくらぎ直結軌道

　そこで、バラスト軌道に代わる「省力化軌道」が開発されました。省力化軌道とは、メンテナンスを簡略化する目的で開発された軌道の総称です。スラブ軌道や弾性まくらぎ直結軌道は、その代表例です。

　スラブ軌道は、「軌道スラブ」と呼ばれるコンクリート製の板にレールを締結した軌道です（図3-2）。日本では、山陽新幹

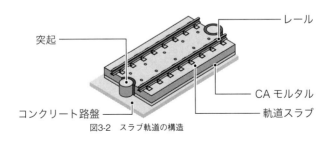

突起 —

レール

CA モルタル

コンクリート路盤

軌道スラブ

図3-2　スラブ軌道の構造

写真3-2　スラブ軌道（左）とバラスト軌道。山陽新幹線三原駅にて

線以降に建設された新幹線で多用されています（写真3-2）。軌道スラブとコンクリート路盤の間にはCAモルタル（セメントアスファルトモルタル）と呼ばれる緩衝材があり、車両通過時に発生する振動や衝撃を吸収しています。なお、スラブ軌道にはバラスト道床のような吸音材がないので、車両通過時に発生する音が反響しやすいという弱点があります。

　弾性まくらぎ直結軌道は、まくらぎを弾性材を介してコンクリート製の基礎（コンクリート道床）に固定した軌道です（写真3-3、図3-3）。弾性材は、車両通過時に発生する振動や衝撃を吸収する役目を果たしています。また、発生する音を吸収するために、コンクリート路盤にバラストが敷かれることもあります。

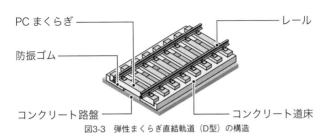

PC まくらぎ ———   ——— レール

防振ゴム ———

コンクリート路盤 ———   ——— コンクリート道床

図3-3 弾性まくらぎ直結軌道（D型）の構造

写真3-3 つくばエクスプレスの弾性まくらぎ直結軌道。コンクリート路盤の上に粒径が小さいバラストが敷いてあり、音を吸収している

●レール

次に、軌道に使われるレールの構造を見ていきましょう。

レールの断面は、上下が非対称になった独特な形状になっています（図3-4）。このうち、車輪と接触する部分を「頭部」、まくらぎと接触する部分を「底部」と呼びます。「頭部」は、車輪との接触によって摩耗しやすいので、「底部」よりも幅が

図3-4　レールの断面形状

狭い代わりに分厚くして、長持ちするようにしてあります。いっぽう「底部」は、レールに水平方向にかかる力が働いても倒れにくいように「頭部」よりも幅が広く、薄くなっています。これは、まくらぎと接触する部分の面積を広げて、まくらぎにかかる力を分散させるためでもあります。

　レールの大きさは、「50kgレール」などというように、通常1mあたりの重量で示します。重いレールを採用すると、スピードアップや乗り心地の向上、騒音や振動の低減が図れるので、列車の運転本数が多い路線では重いレールがよく使われます。

　レールの長さは、25mが標準となっています。このため、長さが25mのレールを「定尺レール」、これより短いレールを「短尺レール」、そして25m以上200m未満のレールを「長尺レール」と呼びます。また、複数のレールを溶接して長さを200m以上にしたレールを「ロングレール」と呼びます。

●ロングレールと伸縮継目

　現在日本では、新幹線をはじめとする多くの鉄道の線路でロングレールが採用されています。ロングレールにすると、レールの継目が減って振動や騒音が減り、乗り心地が良くなるだけでなく、軌道に与えるダメージが小さくなり、軌道のメンテナンスが容易になるからです。

　日本では、長さが10kmを超えるロングレールも使われています。たとえば青函トンネル（全長53.85km）の内部では、一

年を通して温度差が小さく、レールの伸縮が小さいゆえに、長さが52.57kmのスーパーロングレールが使われています。

　ロングレールを導入していない鉄道では、短いレールをつなぎ合わせて敷いてあります。また、レールの継目では、温度変化によるレールの伸び縮みを吸収するためにすき間が空けられています（写真3-4）。このため、レールの継目の上を車輪が通過すると「ガタンガタン」という音がして、車両や軌道に衝撃が伝わります。このとき生じる音は、沿線に伝わる騒音となりますし、衝撃は乗り心地を悪化させ、軌道にダメージを与えます。

　そこで、新幹線や、それ以外の幹線鉄道では、先ほど紹介したロングレールとともに伸縮継目が導入されました。

　伸縮継目は、レールのすき間が斜めになった継目です（写真3-5）。車輪が転がるレールが徐々に変わる構造になっているの

写真3-4　従来のレールの継目。レール同士が継目板を介してつながっており、温度変化によるレールの伸び縮みを吸収するためにレールの間にすき間が空けてある

写真3-5　ロングレールの伸縮継目。すき間が斜めで、車輪が転がるレールが徐々に変わる構造になっているので、車輪が通過したときに発生する音や衝撃が小さい

で、車輪が通過したときに発生する音や衝撃が小さいという特長があります。

3-2 軌間（ゲージ）

●2本のレールの間隔

　軌道では、2本のレールが一定の間隔を保って敷かれており、その間隔を軌間（ゲージ）と呼びます。正確に言うと、左右のレールの頭部の最短距離がこれに相当します（図3-5）。

　世界の鉄道では、さまざまな種類のゲージが使われています（表3-1）。このうちの4フィート8.5インチ（1435mm）は、現在世界の多くの国々で使われていることから「標準軌」と呼ばれており、これより広いゲージは「広軌」、これより狭いゲージは「狭軌」と呼ばれています。

図3-5 軌間（ゲージ）の定義

	メートル法	ヤード・ポンド法	名称	おもな導入例
広軌	1668mm	5ft5・21/32in	イベリアンゲージ	（海外）スペイン、ポルトガル
	1524mm (1520mm)	5ft	ロシアンゲージ	（海外）ロシア、フィンランド、モンゴル
標準軌	1435mm	4ft8.5in	スタンダードゲージ	（海外）イギリスなどの多くの国 （日本）JR新幹線、一部民鉄
狭軌	1372mm	4ft6in	スコッチゲージ	（海外）スコットランド （日本）京王本線、都電荒川線
	1067mm	3ft6in	ケープゲージ	（海外）台湾、フィリピン （日本）JR在来線、一部民鉄
	1000mm		メーターゲージ	（海外）東南アジア
	762mm	2ft6in		（海外）軽便鉄道 （日本）四日市あすなろう鉄道、三岐鉄道北勢線、黒部峡谷鉄道

表3-1　世界の鉄道で使われているおもなゲージの種類（ft：フィート、in：インチ）

　なお、カーブでは、車輪の通行を容易にするために軌間を「規定値＋α」に広げる場合があります。鉄道では、このαの値を「スラック」と呼びます。

　通常、軌間が異なる軌道では、列車の直通運転を実現することはできません。ただし、「改軌の実施」や「三線軌の導入」、そして「フリーゲージトレインの導入」をすることで、列車の直通運転を実現した例があります。

●容易にはできない改軌

　1つ目の「改軌の実施」は、他の軌道に合わせて軌間を変更することを指します。この手法には、軌間の統一が図れ、列車

の直通運転が容易になるという大きなメリットがあります。

　ただしそれは簡単なことではありません。なぜならば、その工事には多額の費用と長い運休期間を必要とするからです。このため、よほど大きな理由がない限り、改軌を行うことは難しいです。

　とはいえ、国内の鉄道には長い区間の改軌を実施した実例が存在します。近鉄名古屋線や京成、JR東日本のミニ新幹線（山形・秋田新幹線）の在来線区間は、その代表例です。

　これらの改軌工事でも、多額の費用と長い運休期間を要しました。たとえば秋田新幹線の整備では、在来線である田沢湖線と奥羽本線の一部で改軌（狭軌1067mm→標準軌1435mm）が行われ、東北新幹線と在来線の直通運転が実現しました。この整備に要した費用（車両費と老朽部取り替え除く）は598億円で、運休期間は約1年。運休期間には、北上線経由の迂回ルートを通る特急列車を運転し、代行輸送を実施しました。

● 2種類の軌間に対応する三線軌

　2つ目の「三線軌の導入」は、2種類の軌間に対応する三線軌を採用することを指します（写真3-6）。三線軌は、3本のレールを敷いた軌道のことで、1本のレールを共通で使い、他の2本のレールを軌間が異なる車輪で別々に使う構造になっています（図3-6）。

「三線軌の導入」は、改軌が不要になるというメリットがあります。ただし、軌道の構造が複雑になるうえに、隣り合う2本のレールの間に雪が入り込んで除雪作業が難しくなるというデメリットもあります。このため、積雪量が多い地域を通る秋田新幹線の在来線区間では、三線軌を導入した区間が3駅間に限られています。

写真3-6 小田急箱根入生田駅の三線軌区間。2013年撮影

図3-6 三線軌。3本のレールを使い、2種類の軌間に対応する

●フリーゲージトレインの導入

　3つ目の「フリーゲージトレインの導入」は、2種類の軌間に対応した電車を投入し、直通運転を実現することを指します。この電車は、2つの軌間の境界で左右の車輪の間隔を自動的に変える機能があり、日本では「フリーゲージトレイン」または「軌間可変電車」と呼ばれています。

　なお日本では、「フリーゲージトレイン」はまだ実現していません（2024年6月時点）。これについては新幹線と深い関係があるので、第5章の5-2でくわしく説明します。

3-3 線路の構成

　線路には、軌道が並行する場所、分岐する場所、交差する場所があります。本節では、これらの場所について説明します。

● 単線と複線

　軌道が1本しかない線路を、単線と呼びます。いっぽう軌道が2本または4本の線路は、それぞれ複線、複々線と呼びます（図3-7）。

　複線と複々線は、複数の軌道が並行する線路です。これらと単線をくらべてみましょう。

　単線は、必要な設備が最小限で済む反面、輸送力が大幅に制限されます。なぜならば、交換駅と交換駅の間（閉そく区間）を通行できる列車が1本に限られるからです。このため、駅間に列車がいると、反対方向に向かう列車が交換駅で待機しなければならず、列車本数が増えると、列車が交換駅で待機する時

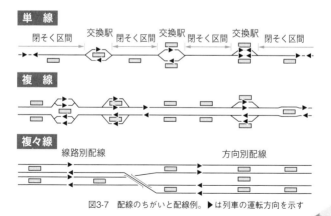

図3-7　配線のちがいと配線例。▶は列車の運転方向を示す

間が長くなります。このため、1日に運転できる運転本数の上限は、往復で約80本となります。

　複線は、2方向の軌道が別々にあるため、単線よりも輸送力を大幅に上げることができます。列車が駅間でも行き違うことができるため、スピードアップが可能になり、運転できる列車本数を増やすことができるからです。もし設備を整えて列車を2分間隔で走らせることができれば、1時間に片道30本の列車を走らせることができます。

　複々線は、快速列車と緩行列車（各駅停車）を別々の軌道に走らせることが可能であり、複線よりも輸送力が大きいです。たとえばJR在来線の複々線区間では、快速列車と緩行列車を合計して1時間に約55本と、複線の約2倍の本数の列車を走らせることができます。このため日本では、大都市圏の通勤・通学路線の一部区間が複々線となっています。

● 分岐器

　軌道が分岐する場所には、分岐器があります。分岐器は、一般に「ポイント」と呼ばれるもので、レールの一部を動かして、列車の進路を変える役割を果たしています。

　分岐器にはさまざまな種類があります（図3-8）。

　片開き分岐器と両開き分岐器は、どちらも軌道が1つから2つに分かれる分岐器です。片開き分岐器は片側、両開き分岐器は両側に分岐します。

　渡り線とシーサースクロッシングは、複線区間に複数の片開き分岐器を設けたものです。渡り線は、2本の軌道を相互につなぐものです。シーサースクロッシングは、2組の渡り線とダイヤモンドクロッシングを組み合わせたもので、車両がどの方向からでも通行可能なので、列車が折り返す駅を中心に設けられています。

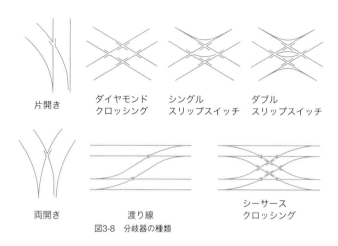

図3-8　分岐器の種類

　一般的に分岐器は、番数が大きくなるほど長くなります。番数とは、分岐器の規模を示す数字の一つで、10m進んで2つの軌道が1m離れる分岐器を「10番分岐器」と呼びます。

　日本の鉄道でもっとも番数が大きい分岐器は38番分岐器で、分岐側を160km/hで通行できます。この分岐器は、JR東日本の高崎駅近くにある上越新幹線と北陸新幹線の分岐点や、成田スカイアクセス成田湯川駅近くにあります。

　海外の鉄道では、さらに番数が大きい分岐器が使われています。たとえばフランスのTGVが走る高速新線には、65番相当の分岐器があり、分岐側を220km/hで通行できるようになっています。

●平面交差と立体交差

　軌道の交差には、平面交差と立体交差があります。まずは平面交差から見ていきましょう。

　軌道同士が平面交差する場所には、ダイヤモンドクロッシン

写真3-7　軌道同士が平面交差するダイヤモンドクロッシング（伊予鉄道大手町駅付近）

写真3-8　鉄道と道路が平面交差する踏切（JR東海道本線鶴見—新子安間）

グがあります。たとえば日本の伊予鉄道の大手町駅付近には、普通鉄道と路面電車が直角に平面交差する踏切があり、そこにダイヤモンドクロッシングが設けられています（写真3-7）。

軌道（鉄道）と道路が平面交差する場所には、踏切があります（写真3-8）。日本では、全国に約3万3000ヵ所（2017年国土交通省調べ）の踏切があり、とくに都市部では道路の渋滞の原因として問題視されています。また、踏切は衝突事故が発生しやすい場所でもあります。

踏切をなくすには、立体交差化を図り、鉄道と道路を分離する必要があります。その方法としては、単独立体交差化と連続立体交差化があります。単独立体交差化は、個別に鉄道と道路を立体交差化するものです。いっぽう連続立体交差化は、鉄道を連続的に高架化または地下化するもので、日本の大都市部では積極的に進められています。

なお、日本の新幹線の本線には踏切がありません。これは、安全性を高めるために、既存の鉄道や道路と立体交差するように建設した結果です。

3-4 軌道を支える土木構造物

土木構造物は、先ほど述べた通り、線路の基礎となる施設であり、土構造物や橋りょう、トンネルがあります。

●土構造物（盛土・切土）

土構造物は、土または岩石を主材料として建設する構造物であり、おもに盛土と切土があります。盛土は地面の上に土を盛り立てた土堤、切土は地面を掘り下げたものを指します（図3-9）。

土構造物には長所と短所があります。おもな長所は、工事費

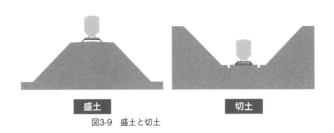

盛土 | 切土

図3-9　盛土と切土

が安く、災害復旧や改築が容易であること、おもな短所には、路盤の沈下や法面の崩落が起こりやすく、大雨や地震の発生時に被害を受けやすいことが挙げられます。

●橋りょう

　橋りょうは、周囲の地表面よりも高い位置に線路を通すための構造物であり、河川や海、他の施設と交差するために設けられます。なお、地表面よりも高い位置に線路を連続的に敷設するときに設けられる橋りょうを「高架橋」と呼びます。

　橋りょうには、構造が異なる種類が存在します（図3-10）。桁橋は、鋼製や鉄筋コンクリート製の桁を水平にかけ渡した橋で、ガーダー橋とも呼ばれます。トラス橋は、部材を三角形につないだ骨組み構造（トラス構造）を連続させて主桁とした橋です。アーチ橋は、円弧の構造（アーチ構造）を主体とする橋です。ラーメン橋は、主桁と橋脚を一体として剛結した橋です。吊橋は、主塔で吊られたケーブルで橋床を吊り下げる橋です。斜張橋は、主塔から斜め方向に張り出した直線のケーブルで主桁を吊り上げる橋です。これらのうち、どの構造を選択するかは、地形や周辺環境、施工法、工事費などの条件を考慮して決めます。

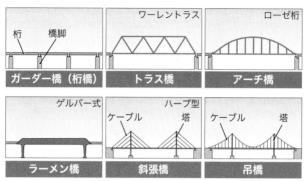

図3-10　橋りょうの構造のおもな種類

●トンネル

トンネルは、周囲の地表面よりも低い位置に線路を通すための構造物であり、おもに山岳部に設けられる山岳トンネルと、おもに都市に設けられる都市トンネルがあります。

ここでは、トンネルを造るときに使われるおもな工事方法（工法）を5つ紹介します。この5つとは、山岳工法と開削工法、シールド工法、潜函工法、沈埋工法です。

山岳工法は、おもに山岳トンネルを建設するときに使われる工法で、爆薬を用いた発破、または掘削機械を用いた掘削によって掘り進むものです。日本では、かつて掘削部分を木や鋼の支保工で支える工法が使われていましたが、1970年代からNATM（ナトム）と呼ばれる工法が使われるようになりました（図3-11）。NATMは山岳工法の一種です。

NATMは、New Austrian Tunneling Method（新オーストリアトンネル工法）の略称です。地山に直接コンクリートを吹き付けて緩みを防ぎ、必要に応じて鋼製支保工を建て込み、ロックボルトを打ち込んで補強します。

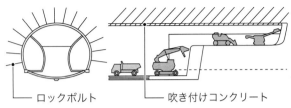

ロックボルト　　　　　吹き付けコンクリート

図3-11　NATM（ナトム）

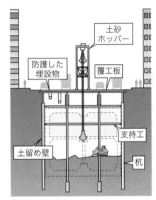

図3-12　開削工法

　なお、山岳工法は、都市トンネルの建設に使われることもあります。たとえば仙台や福岡の地下鉄では、山岳工法が使われた実績があります。

　このあと紹介する４つの工法（開削工法・シールド工法・潜函工法・沈埋工法）は、おもに都市トンネルの建設に使われるものです。

　開削工法は、地面に溝状の穴を掘り、そのなかに鉄筋コンクリート製のトンネルを造って埋め戻す工法で、オープン・カット工法、またはカット・アンド・カバー工法とも呼ばれます

（図3-12）。シンプルな工法であるため、日本では初期に建設された地下鉄や、地下駅の建設に使われてきました。

シールド工法は、地面から垂直に掘った２つの穴（立坑）の間で、地面とほぼ水平に横穴を掘り進む工法です（図3-13）。現在はシールドマシンと呼ばれる機械を使い、掘削と推進を繰り返すのが一般的となっています。トンネルの壁は、セグメントと呼ばれるブロックを組み立てて構築します。地上に与える影響が開削工法よりも小さいので、日本では近年建設された地下鉄の駅間トンネルで多用されています。

潜函工法と沈埋工法は、箱状の構造物を地下に埋め、それらをつなげてトンネルを構築する工法です（図3-14）。水底（川底や海底）の下にトンネルを造るときに使われます。

潜函工法は、水底の一部をいったん陸地にしてから掘削し、ケーソンと呼ばれる箱状の構造物を少しずつ沈める工法で、ケーソン工法とも呼ばれます。ケーソンは、まずクレーンを使って陸地にした場所に下ろし、ケーソンの下の作業室で掘削作業

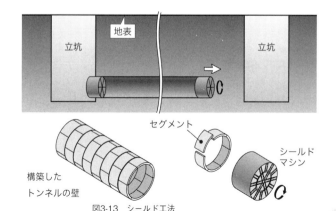

図3-13　シールド工法

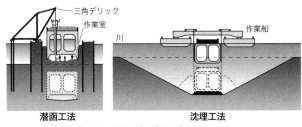

図3-14　潜函工法と沈埋工法

を行いながら、少しずつ沈めます。

　沈埋工法は、水底にあらかじめ穴を掘っておいてから、沈埋
函と呼ばれる箱状の構造物を下ろし、土をかけて埋めるという
工法です。沈埋函は、作業船を使って工事現場に運び、水底に
下ろします。

3-5 電気設備

　線路にある電気設備には、エネルギー系設備と列車制御・通
信系設備があります。

●エネルギー系設備

　エネルギー系設備は、電車や電気機関車を動かすために消費
する電力を供給する設備です。架線や電柱（架線柱）、変電所
などがこれにふくまれます。

　発電所で発電した電気は、変電所を経て線路に送られます
（図3-15）。変電所には、鉄道事業者（鉄道会社）が保有する鉄
道変電所があり、ここで電圧や電気の種類を変えて、線路の架
線に電力を供給します。

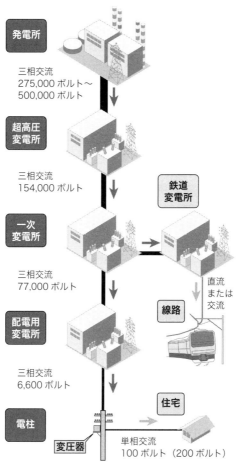

発電所

三相交流
275,000 ボルト〜
500,000 ボルト

**超高圧
変電所**

三相交流
154,000 ボルト

**鉄道
変電所**

**一次
変電所**

三相交流
77,000 ボルト

直流
または
交流

線路

**配電用
変電所**

三相交流
6,600 ボルト

住宅

電柱

変圧器

単相交流
100 ボルト（200 ボルト）

図3-15　発電所から線路までの電気の流れ

● 列車制御・通信系設備

　列車制御・通信系設備は、列車を安全に運行するための設備であり、駅や列車、指令室、信号設備、防災設備などを結び、情報を伝える役割をしています。代表例には、信号設備を結ぶ信号通信ケーブルや、列車と情報を送受信するためのLCX（漏洩同軸ケーブル）があります。LCXは、従来よりも大容量の情報を送受信できる通信ケーブルであり、列車の乗務員と指令室の指令員が情報交換するための列車無線だけでなく、車内無線LANサービスにも使われています。

3-6 鉄道を守る防災設備

　列車を安全に運行するには、自然災害から線路や列車を守る防災設備が必要です。防災設備のうち、とくに重要なものとしては、地震や降雨、河川水位、強風、落石、積雪をそれぞれ検知する地震計や雨量計、水位計、風速計、落石検知装置、積雪計があり、鉄道を管理する指令室ではそれらで得た防災情報をシステム化して集中監視を行っています。

　そこで本節では、おもな防災設備として、地震対策と落石対策、大雨対策、耐寒耐雪対策を説明します。

● 地震対策

　地震大国である日本では、鉄道の地震対策が重要です。大規模な地震が発生すると、土木構造物の破壊や変状が発生するだけでなく、地震動によって列車または車両が脱線する可能性があるからです。また、被災した区間に列車が進入すると、二次災害が起こる可能性もあります。

　このため日本の鉄道では、沿線に設置した地震計で地震を検知すると、列車を停止または徐行させる運転規制を行っていま

す。

　また、新幹線など一部の鉄道では、早期地震検知警報システムと呼ばれるシステムを導入して、地震発生後により早く列車を減速、停車させています（図3-16）。

　早期地震検知警報システムは、地震動のP波を検知し、そこから得られる情報から警報を発令します。P波は地震発生後に発生する初期微動で、主要動（S波）よりも先に地表に到達します。このため、P波を検知してから列車を早期に停止または減速させると、S波が到達する前に安全を確保することができます。

　新幹線では、このシステムが警報を発令すると、変電所が列車への送電を自動的に停止します。列車はこれを検知し、自動的に非常ブレーキを作動させて減速し、停車します。

　現在の新幹線では、早期地震検知警報システムを導入するだけでなく、脱線・逸脱防止対策を施しています。これについては、第5章の5-4でくわしく説明します。

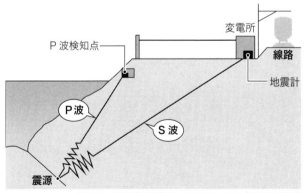

図3-16　早期地震検知警報システムのしくみ（新幹線の場合）

●落石対策

落石対策は、おもに山腹に沿って線路が敷設された区間で行われています。このような区間では、自然斜面の石や風化した岩石が線路に転落し、列車の走行に危険を及ぼすことがあるからです。

このため、岩石の周囲をコンクリートで固める根固めを実施する、または落石止柵や落石防護網、落石止擁壁、落石覆いなどを設けることで、石や岩石が線路に転落するのを防いでいます。

落石覆いは、線路を覆うトンネルのような構造物で、落石がとくに発生しやすい区間に設けられています。たとえばJR四国の土讃線の大歩危駅付近は、落石や土砂崩れが発生しやすい区間であるため、落石覆いとトンネルが連続的に設けられています（写真3-9）。

写真3-9　JR四国、土讃線の大歩危駅付近。落石覆い（手前）とトンネル（奥）が連続する

●大雨対策

　落石対策などを施しても、豪雨や長雨によって土砂崩れや盛土の沈下などの災害が起こることもあります。このため鉄道事業者は、土木構造物などの防災強度を考慮して規制値を定め、「警備に入る」「列車を徐行させる」「列車を停止させる」の3段階で運転規制をしています（図3-17）。なお、この図の「時雨量」は1時間における総雨量、「連続雨量」は雨が降り出したときからの総雨量（雨が中断して12時間以内に再度降ったときは連続雨量としてカウントする）です。

●凍結・雪害対策

　鉄道は、冬の気温の低下や積雪によっても大きな影響を受けます。このため鉄道では、寒冷地や積雪量が多い地域を中心に凍結・雪害対策を強化しています。具体例としては、凍結で分岐器が動かなくなるのを避けるヒーターや、線路に雪崩が入り

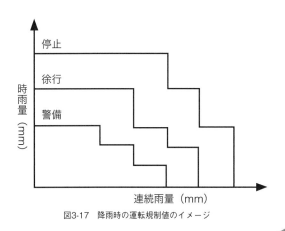

図3-17　降雨時の運転規制値のイメージ

込むのを防ぐ雪崩覆いの設置があります。

　なお、寒冷地を通る新幹線では、在来線よりも凍結・雪害対策を強化しています。これについては、第5章の5-4でくわしく説明します。

3-7　線路のメンテナンス

　線路のメンテナンスは、第2章の2-11でふれた車両のメンテナンスと同様に重要です。線路を良好な状態に保っておかないと、車両が軌道を安全に走行することができないからです。

●線路を守る作業

　第3章の3-1でふれたように、線路は軌道や電気設備、土木構造物で成り立っており、それぞれ長期間放置すると劣化し、場合によっては壊れることがあります。このため、線路の異常を早期に発見し、必要に応じて部品を交換、修繕する作業を行っています。

　線路のメンテナンスは、ざっくり言うと「検査」→「計画」→「修繕」の順で進められています。まず「検査」で異常がある箇所を見つけ出し、「計画」で段取りを決め、「修繕」で現地に向かい設備を直します。なお、線路のうち、軌道のメンテナンスを「保線」と呼びます。

　このような作業では、多くの人手・時間・コストを必要とします。たとえば「検査」では、複数の作業員が定期的に線路を巡回し、目視や打音検査（ハンマーで叩いたときの音で判定する検査）や電気検査などの各種検査で設備の異常を見つけています。「修繕」においても、人力に頼る作業が多く存在します。

●作業の機械化

　このため現在は、作業の一部を機械化して、線路のメンテナンスにかかるコストの削減や作業の省力化を実現しています。たとえば「保線」では、道床バラストを連続して突き固める機械（マルチプルタイタンパ・写真3-10）や、バラストを交換する機械（道床交換機）、バラスト道床を整える機械（道床整理車）などを使い、作業の効率化を図っています。

　土木構造物の「検査」も、一部の鉄道で機械化されています。たとえば東京メトロは、2022年10月から打音点検箇所抽出システムを導入し、トンネルの「検査」の効率化を図っています。このシステムは、高精度カメラを使ってトンネルの壁を撮影し、得られた画像からAI（人工知能）でひび割れなどの変状を読み取り、剝落リスクの高い箇所を自動的に推定するもので、打音検査を行う箇所を絞り込むのに使われています。

写真3-10　マルチプルタイタンパ。レールの位置を修正し、まくらぎの下のバラストを突き固める機械

● 検査の車上化

　軌道や電気設備の「検査」は、一部の鉄道で「車上化」されています。ここで言う「車上化」とは、「検査」に必要な機器を車両に搭載し、検査作業を効率化することを指します。

　検査機器を搭載した車両は、線路を走りながら軌道や電気設備の「検査」ができます。また、走行中に得られたデータから設備の劣化や異常を検知することで、「修繕」や精密検査が必要な箇所を絞り込むことができます。

　このような車両にはそれぞれ名前があり、軌道を点検する車両は軌道検測車、電気設備を点検する車両は電気検測車、軌道と電気設備の両方を点検する車両は軌道・電気総合検測車と呼びます（鉄道事業者によって呼び方が異なります）。

　新幹線では、早くから軌道・電気総合検測車が使われています。たとえば執筆時点では、東海道・山陽新幹線では923形（新幹線電気軌道総合試験車）、JR東日本の新幹線と北陸新幹線ではE926形（電気軌道総合試験車）が定期的に運転されており、それぞれ「ドクターイエロー」（写真3-11）、「East i（イースト・アイ）」（写真3-12）という愛称で呼ばれています。

　なお、九州新幹線や西九州新幹線では、このような車両を運転していません。その代わり、旅客を運ぶ営業用車両の一部編成に検査機器を搭載することで、軌道や電気設備に関するデータを収集しています。

　また、JR東海とJR西日本は、2024年6月に「ドクターイエロー」を東海道・山陽新幹線から引退させることを発表しました。JR東海は同月に、営業用車両（N700Sの一部編成）に検査機器を搭載して、「ドクターイエロー」による検査を代替することを発表しました。

写真3-11 「ドクターイエロー」

写真3-12 「East i（イースト・アイ）」

●線路メンテナンスのスマート化

　第2章の2-11でふれたように、現在日本の鉄道では、メンテナンスの考え方をTBM（時間基準保全）からCBM（状態基準保全）へと転換する動きがあります。このため、線路のメンテナンスに関してもCBMの考え方を反映して、スマート化が図られています。

　たとえばJR東日本では、山手線の電車（E235系）の一部編成に軌道と電気設備を点検する機能を搭載して、線路の状態を走りながら監視できるようにしています。検査機能を持つ検測車を走らせるのではなく、その機能を営業用車両に組み込むことで「検査」の頻度を高め、得るデータの量を増やしているのです。

　こうした線路のメンテナンスのスマート化は、まだ始まったばかりです。ただ、今後日本の生産年齢人口（15歳以上65歳未満）が減少し、線路のメンテナンスを担う熟練した作業員の確保がますます難しくなることを踏まえると、スマート化による作業の省力化は急務ではないかと私は考えます。

コラム　勾配とカーブの「きつさ」の表し方

　鉄道の線路には、「きつさ」が異なる勾配（坂）やカーブ（曲線区間）があり、それぞれの「きつさ」を示す単位や言葉が存在します。

　勾配の「きつさ」は、パーミル（‰）という単位で示します。たとえば、水平方向に1000m移動して、垂直方向に20m上下する勾配は「20‰の勾配」と呼びます。この数値が大きくなるほど、勾配がきつく（急に）なります。

　いっぽうカーブの「きつさ」は、カーブを円の一部とみなしたときの円の半径で示します。たとえば半径2000mの一部を切り取ったようなカーブは、「半径2000mのカーブ」と呼びます。半径の数値が小さくなるほど、カーブがきつく（急に）なります。

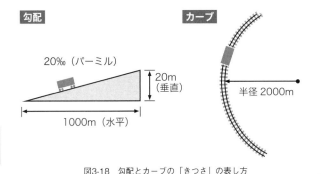

勾配

20‰（パーミル）

20m
（垂直）

1000m（水平）

カーブ

半径 2000m

図3-18　勾配とカーブの「きつさ」の表し方

第4章

運用のメカニズム

灯列式信号機

鉄道における輸送は、これまで説明した車両や線路を使いながら適切に運用することで実現します。そこで本章では、鉄道の運用のために使われているメカニズムを紹介します。

4-1 輸送計画とダイヤ

● 輸送計画の作成

　鉄道で人や物を運ぶには、まず輸送計画を立てる必要があります……と言っても難しいと感じる方もいるでしょうから、たとえ話をしましょう。

　もしあなたがある鉄道を効率よく経営するとしたら、1日に何本の列車を走らせますか？　列車は何両編成にしますか？必要な車両の数は何両になりますか？

　これらの数値には、それぞれ上限があります。なぜならば、これらは線路や駅の構造、車両や従業員の数によって制限されるからです。

　効率のよい鉄道輸送を実現するには、この上限を意識したうえで、輸送の需要と供給のバランスを考える必要があります。その鉄道に求められる輸送量に対して、保有する施設を使って供給できる輸送量が大きすぎても小さすぎても経営がうまくいかないからです。

　もし双方のバランスが取れているとしたら、列車をどう走らせるかを決めなければいけません。鉄道の車両は、道路を走る自動車よりも走行ルートの自由度がはるかに低く、輸送において大きな制約を受けるからです。

　こうしたことを考えて作成するのが、輸送計画です（図4-1）。輸送計画では、まず需要予測に基づいて供給する輸送量を決め、列車をどう走らせるかを想定し、そのために車両がどの程度必要になるかを考えます。

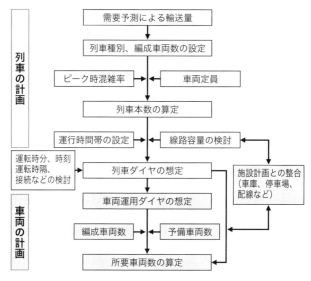

図4-1　輸送計画の作成手順

●列車の動きを示す列車ダイヤ

この輸送計画を作成するうえで中心となるのが列車ダイヤの作成です。「ダイヤ」というと、「ダイヤ改正」という言葉を耳にしたことがある方も多いでしょうが、これは輸送計画を変更し、列車ダイヤを改正することを指します。

列車ダイヤは、路線の特定の区間（線区）における列車の動きを示す図表です（図4-2）。縦軸には駅、横軸には時間が記してあり、列車の動きを「スジ」と呼ばれる斜線で表記しています。なお、ダイヤという言葉の語源は「図表」を意味する英語のdiagramです。

列車ダイヤを見ると、列車の動きが一目でわかります。なぜならば、スジをたどることで各駅での出発・到着時刻だけでな

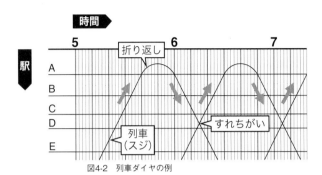

図4-2　列車ダイヤの例

く、折り返す駅やすれちがう駅、そして別の列車が追い抜く駅での停車時間などの詳細がわかるからです。

　つまり列車ダイヤは、列車の動きをあらかじめ定めたものであり、鉄道会社（鉄道事業者）が決めた輸送計画の核となるものなのです。

　鉄道では、列車が列車ダイヤ通り（時間の許容範囲をふくむ）に動いている状況を「定時運行」と呼びます。駅でたまに聞かれる「ただいまダイヤが大幅に乱れております」という放送は、列車の動きが列車ダイヤよりも大きくズレており、「定時運行」できていない状況を指します。

　私たち鉄道利用者は、列車ダイヤを見る機会はほとんどありません。ただし、時刻表なら見たことがあるという方は多いでしょう。時刻表は、列車ダイヤを一般向けに「翻訳」したものであり、各駅での列車の出発時刻のみ、または到着時刻と出発時刻の両方が記されています。また、日本の鉄道では、列車の到着・出発時刻を秒刻みで決めていますが、時刻表ではこれを分刻みに変換して記載しています。

●乗務員と車両の動きを示す行程表

　列車ダイヤの作成によって列車の動きが確定すると、乗務員（運転士や車掌）や車両の運用も自ずと決まります。ここでいう運用とは、乗務員や車両のやりくりのことを指します。

　鉄道で使われる「ダイヤ」には、列車ダイヤの他に乗務員や車両の動きを示す「ダイヤ」があり、「行程表」と呼ばれています。また、列車ダイヤとはちがい、それぞれの動きを縦線と横線のみで表記するため、「箱ダイヤ」と呼ばれることもあります。

　行程表が必要なのは、車両や乗務員に制約があるからです。そもそも使用できる車両や、出勤できる乗務員の数はそれぞれ決まっています。また、車両であれば定期検査を行う頻度、乗務員であれば出勤から退勤までの労働時間や乗務時間などの上限がそれぞれ決まっているので、その範囲で車両や乗務員を運用する必要があります。言い換えれば、これらの制約の範囲で車両や乗務員をやりくりするためのスケジュール表として行程表があるのです。

　次に、行程表の一例を見てみましょう（図4-3）。これは、JR東日本の京浜東北線における運転士の行程表の例で、運転士の動きが太い直線で示されています。この線の上に記された「461A」や「401B」などの数字とアルファベットの組み合わせは、列車を識別するための列車番号を示しており、小さく記された数字は列車の出発・到着時刻を示しています。実際は、時刻が秒単位で記されていますが、ここではわかりやすくするため、時刻を分単位で記しました。

　この行程表を見ると、運転士の動きが一目でわかります。まず運転士は、自身が所属する部署（「乗務区」などと呼ばれる）がある東十条から赤羽まで回送列車を運転します。そのあとは、営業列車を運転して赤羽→蒲田→大船→蒲田→大宮と移

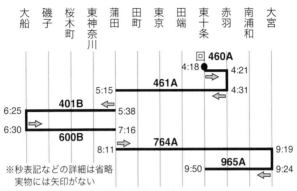

図4-3　運転士の行程表の例

動し、最後に東十条に戻ります。こうした運転士の動きが駅や時刻とともにわかるようにしたのが行程表なのです。

　これと同じように、電車などの車両の動きを示す行程表もあります。これには、車両が所属する車両基地から出発して、同じ車両基地に戻ってくるまでの経路が記されており、車両の動きが一目でわかるようになっています。

4-2　列車を安全に運転するための工夫

　次に、列車ダイヤに基づいて列車を安全に運転するための工夫を見ていきましょう。

●鉄道信号の仲間

　鉄道信号は、列車または車両に対して運転する条件を示すものです。鉄道における安全かつ効率の良い輸送を実現するために、乗務員や駅係員に情報を伝達する役割を果たしています。なお、鉄道信号には「信号」「合図」「標識」という3つの種類

があります。

●信号

　信号は、一定区間内を運転するときの条件を指示するもので、それを指示する機械を信号機と呼びます。また、信号が指示するものを「現示」と呼びます。

　信号機を設置場所で分けると、地上信号機と車内信号機があります。

　地上信号機は、線路に設ける信号機で、日本の鉄道では腕木式信号機や色灯式信号機、灯列式信号機と呼ばれる信号機が使われてきました（図4-4）。腕木式信号機は腕木と呼ばれる板の角度、色灯式信号機は色がついたランプが点灯するパターン、灯列式信号機は点灯したランプの角度で信号を現示します。なお、腕木式信号機は、日本最初の鉄道から長らく使われてきましたが、現在の日本の鉄道ではほとんど使われていません。

　色灯式信号機は、駅から進出する列車に現示する出発信号機や、駅に進入する列車に現示する場内信号機、閉そく区間の入口に設けられる閉そく信号機として使われています。いっぽう灯列式信号機は、見通しが悪い場所で先方の信号機の現示を中継する中継信号機や、駅や車両基地の構内で運転する車両に対して現示する入換信号機としておもに使われます。

　車内信号機は、車両の乗務員室（運転室）に設ける信号機です。日本の鉄道では、後述するATCと連動する速度信号機が車内信号機として、新幹線や大都市圏の一部の路線で使われています。

●合図

　合図は、形や色、音などによって合図者の意思を表示するものです。合図には、旗や警笛を用いる出発合図（列車を駅から

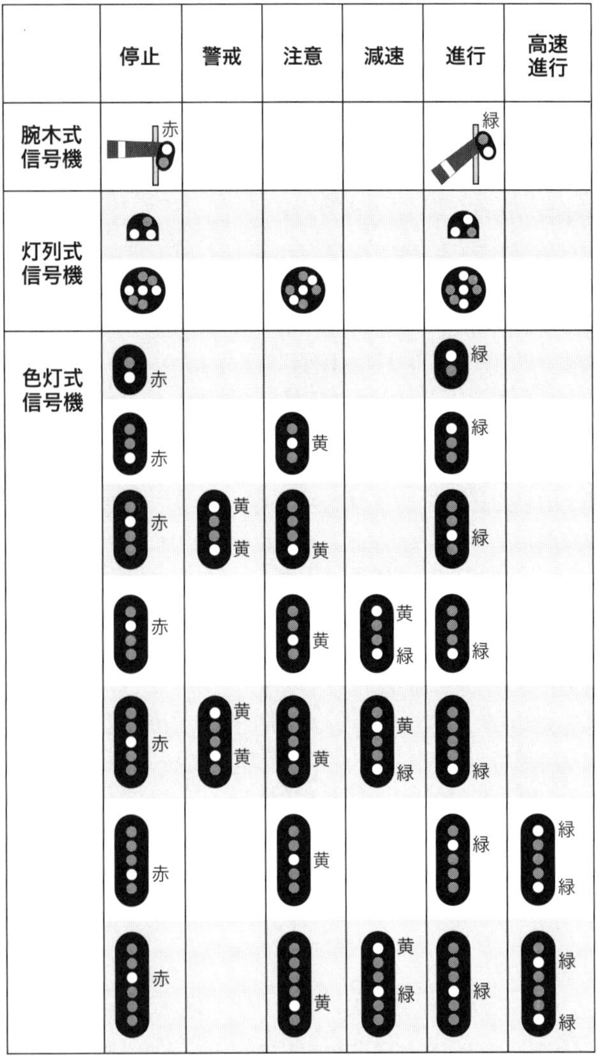

図4-4　日本の鉄道で使われた地上信号機

出発させるときの合図）や入換合図（入れ換え時の運転方法を指示する合図）だけでなく、白色灯やブザーといった合図器を用いる方法があります。

●標識

標識は、色や形によって、列車の安全運転に関する位置や方向、条件などを表示するものです。鉄道の線路には、さまざまな情報を伝える標識があります（図4-5）。

●ATSとATC

鉄道では、信号・合図・標識といった鉄道信号に関する設備を整えるだけでは、列車を安全に走らせることはできません。なぜならば、信号機などの設備が故障する、もしくは運転士が鉄道信号に従わず誤った運転操作をしてしまうことがあるからです。運転士は人間であるため、「ヒューマンエラー」と呼ばれる意図しないミスをしてしまう可能性があります。

鉄道は、自動車よりも輸送の規模が大きいため、設備の一部の故障や、運転士の小さなミスが原因になって大きな事故が発生してしまうことがあります。これを防ぐには、故障やミスが発生しても安全が確保できるようにするしくみが必要になります。

鉄道の安全に関わる設備や装置は、故障や異常が発生したときに、安全を保てる側に動作するように設計されています。この設計手法を「フェールセーフ」と呼びます。

また、世界の多くの鉄道では、運転士がミスをしても安全を確保できるようにするため、信号保安装置を導入しています。信号保安装置は、信号や列車の速度に応じて自動的にブレーキをかけ、事故を未然に防ぐ装置です。この装置にも、先ほど紹介したフェールセーフの考え方が反映されています。

距離標	曲線標	勾配標	停車場中心標
起点から 345km	半径 2000m	10 パーミル	

駅名標

速度制限標（左に進入する場合 45km/h 以下）

図4-5　おもな標識

列車停止標識

車両停止標識

車止標識

速度制限標識

速度制限標識
（右方向）

速度制限解除標

架線終端標

架線死区間標識
（交直流）

列車停止目標
（旅客）

力行標

だ行標

停車場接近標

汽笛吹鳴標識

徐行予告信号機

徐行信号機

鉄道の科学

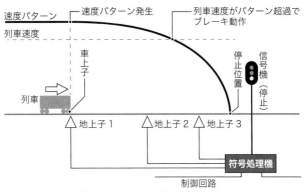

速度パターン　速度パターン発生　列車速度がパターン超過でブレーキ動作

速度パターン

列車速度

車上子

列車

信号機（停止）

停止位置

△地上子1　△地上子2 △地上子3

符号処理機

制御回路

図4-6　ATSのしくみ（ATS-P型）

　日本の鉄道では、ATS（自動列車停止装置：Automatic Train Stop）やATC（自動列車制御装置：Automatic Train Control）と呼ばれる信号保安装置がおもに使われています。なお、海外の鉄道では信号保安装置のことをATP（Automatic Train Protection）などと呼んでいます。

　ATSは、停止を示す信号機の手前で列車を自動的に停車させるための装置です（図4-6）。1962年に三河島事故（国鉄常磐線三河島駅付近で3本の列車が多重衝突した事故）が発生したのを機に、1966年に新幹線を除く国鉄の全路線で導入されました。

　国鉄では、当初「ATS-S型」と呼ばれるATSが使われていました。これは、停止を示す信号機の手前で列車が地上子の上を通過すると運転台付近で警報が鳴るというもので、運転士がそれを無視すると自動的に非常ブレーキが作動し、列車を信号機の手前で停止させます。この導入によって鉄道輸送の安全性が高まりましたが、警報が鳴ってから運転士が確認ボタンを押すと、防護機能が失われるという弱点がありました。

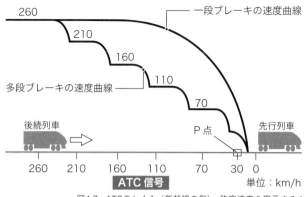

図4-7 ATCのしくみ（新幹線の例）。許容速度を現示するタイミングは等間隔ではない

　現在JRグループの在来線の多くでは、「ATS-S型」を改良した「ATS-P型」と呼ばれるATSが使われています。これは、停止信号を示す信号機の前に置かれた地上子の上を列車が通過すると、速度照査パターンを発生し、列車の速度がそれを超えないように自動的にブレーキが作動し、列車を信号機の手前で停止させるものです。

　いっぽうATCは、列車の速度が許容速度を超えたときに自動的にブレーキが作動し、列車を減速させる装置です（図4-7）。許容速度は、運転台の車内信号機に現示されます。

　ATCが開発された背景には、地上信号機の確認のしにくさがありました。高速運転をする新幹線や、急カーブや急勾配のトンネルが連続して見通しが悪い地下鉄では、運転士が地上信号機の現示を確かめながら運転することが困難でした。そこで、列車が出せる速度の上限（許容速度）を信号として列車に伝え、車内信号機に現示するATCが開発されました。

　当初のATCでは、許容速度が段階的に現示され、列車の減

速も段階的に行われるため（多段ブレーキ）、乗り心地が悪くなるという弱点がありました。いっぽう現在は、列車の速度や停止位置までの距離から速度照査パターンを発生し、列車の減速を一段階で行う（一段ブレーキ）ATCが、新幹線をふくむ一部の鉄道で使われています。

● 無線式列車制御システム

　また、日本の一部の鉄道では、ATSやATCの代わりに無線式列車制御システムが使われています。無線式列車制御システムとは、無線通信を利用した信号保安装置であり、列車の位置や、次の区間への進入可能な範囲などの情報を送受信し、列車間の間隔を確保するシステムです。これを導入すると、列車のブレーキ性能に応じて走行速度を制御できるため、安全の確保と効率的な運転の両立が可能になります。

　ヨーロッパやアメリカ、日本は、無線式列車制御システムをそれぞれ独自に開発してきました。ヨーロッパが開発したものはETCS（European Train Control System）レベル3、アメリカが開発したものはCBTC（Communications-Based Train Control）、日本のJR東日本が開発したものはATACS（アタックス：Advanced Train Administration and Communications System）と呼ばれます。ETCSレベル3はEU内の鉄道標準規格、CBTCはIEEE（アメリカ主体の電気情報工学系の標準規格）、ATACSはJIS（日本産業規格）に準じています。なお、JR東日本はATACSを国際標準に適合させる手続きをしています。

　日本で最初に導入された無線式列車制御システムはATACSで、2011年にJR仙石線（あおば通—東塩釜間）で運用が開始されました。なおJR埼京線（池袋—大宮間）では、2017年からATACSが導入されています。

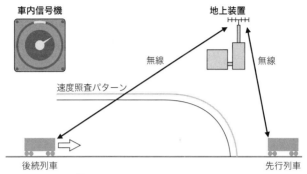

図4-8　ATACSのしくみ

ATACSでは、列車が地上装置（線路側の装置）と無線で通信し、位置を把握します（図4-8）。いっぽう地上装置は、すべての列車の位置を把握して、進入してよい範囲を各列車に伝えます。各列車は、受信した情報をもとに許可される走行速度を算出し、ブレーキを制御して、停止位置（進行してよい限界）に停まります。

現在日本の鉄道では、ATACS以外の無線式列車制御システムとしてCBTCを導入する動きもあります。たとえば東京メトロは、CBTCを2022年に丸ノ内線の四ツ谷―荻窪間で試験的に導入しており、2024年度中に全区間で本格的に導入することを予定しています。

この背景には、海外におけるCBTCの導入実績が豊富であることが関係しています。海外には、ニューヨークやパリ、ロンドンの地下鉄のように、CBTCを導入した地下鉄や都市鉄道が多数存在します。

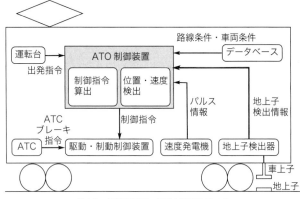

図4-9 ATOの概要。ATCと連動している

4-3 列車の自動運転

●ATOによる自動運転

現在一部の鉄道では、ATOによる列車の自動運転が実施されています。ATOとは、自動列車運転装置（Automatic Train Operation）のことで、先述したATCと連動して列車の運転を自動的に行うものです（図4-9）。

「自動運転」というと、自動車を思い浮かべる方もいるでしょうが、鉄道では自動車よりも先に自動運転を実現させたという歴史があります。鉄道は車両が走行する進路が軌道によってあらかじめ決まっており、自動車よりも安全を確保しやすいので、速度調節の操作を自動化すれば容易に自動運転を実現できるからです。

鉄道にATOを導入すると、運転士の負担が減るだけでなく、乗務員の削減や列車運行の最適化が実現し、鉄道運営の効率化

自動化レベル	乗務形態	導入状況
GoA0 目視運転 TOS		路面電車
GoA1 非自動運転 NTO		踏切等のある一般的な路線
GoA2 半自動運転 STO	ATO	東京メトロ丸ノ内線等 つくばエクスプレス
GoA2.5 係員付き 自動運転	ATO	JR香椎線
GoA3 添乗員付き 自動運転 DTO	ATO	舞浜リゾートライン
GoA4 自動運転 UTO	ATO	ゆりかもめ 神戸新交通等

図4-10 自動運転の段階

を図ることができるというメリットがあります。このため、踏切がなく、安全が確保しやすいAGT（第6章の6-2で詳説）や地下鉄を中心にATOが導入され、自動運転が実施されてきました。

　現在日本の鉄道では、列車運転の自動化レベル（GoA：Grades of Automation）が6段階に分かれています（図4-10）。このうちのGoA2.5は、運転士以外の係員が列車の最前部の運転台に乗務する形態であり、IEC（国際電気標準会議）やJISの自動運転規格では定義されていません。GoA2.5については、のちほどくわしく説明します。

　次に、自動化レベルのうち、ATOを用いる4段階を説明します。なお、路面電車の目視運転（GoA0）や、踏切がある一般の鉄道の非自動運転（GoA1）は、運転士による手動運転なので、本節では説明を割愛します。

● 運転士のみが乗務するワンマン運転

　半自動運転（GoA2）は、列車に車掌が乗務せず、運転士のみが乗務するワンマン運転（手動運転を除く）を指します。ATOの導入によって運転操作を自動化し、運転士の負担を減らすだけでなく、運転士に車掌の業務（ドアの開閉操作、ホームの監視など）を兼務させることによって、車掌乗務を廃止しています。

　半自動運転は、踏切がなく、駅にホームドア（可動式ホーム柵）が完備された地下鉄などの鉄道で実施されています。また、東京メトロの丸ノ内線や有楽町線のように、開業から数十年経った後にホームドアを完備して、半自動運転を実施した例もあります。

● 運転士が乗務しないドライバレス運転

　列車の自動運転には、添乗員（係員）が乗務するが運転士は乗務しないドライバレス運転の段階として、緊急停止操作等を行う係員付き自動運転（GoA2.5）と、添乗員付き自動運転（GoA3）があります。名前が長いので、以後それぞれ「GoA2.5」「GoA3」と呼びます。

　GoA2.5は、先述したように、運転士以外の係員が列車の最前部の運転台に乗務する形態です。係員は、運転操作を行わず、列車前方に異常を認めたときに緊急停止操作や緊急時の避難誘導を行います。係員は、国が定める鉄道の運転免許（動力車操縦者運転免許）を持っていません。

　国内で最初にGoA2.5を導入したのは、JR九州の香椎線です。香椎線は、全区間非電化の地方路線で、２両編成の蓄電池電車（第８章の8-2で詳説）が走っており、2024年３月からGoA2.5による営業運転を開始しました。

　香椎線にGoA2.5が導入されたのは、運転士の確保が困難に

なっている状況に速やかに対応するためです。運転士を確保するには、人材を採用するだけでなく、鉄道現場で働くための基礎訓練を受けさせたうえで、約9ヵ月にわたる運転免許取得のための教育を受けさせる必要があります。このため、運転免許を持たない係員のみが列車に乗務できるようにすることは、乗務員を運用するうえで大きなメリットがあります。

いっぽうGoA3では、運転免許を持たない添乗員（係員）が車内を巡回し、緊急時に避難誘導を行うのみで、運転には関わりません。国内では、東京ディズニーリゾートを走るモノレール（舞浜リゾートライン）で導入されています。

●乗務員がいない無人運転

自動運転（GoA4）は、添乗員（係員）が乗務しない形態で、無人運転とも呼ばれます。

GoA4を導入すると、多くのメリットがあります。添乗員（係員）の確保や養成が不要になり、人件費が削減できるだけでなく、添乗員（係員）の運用を考慮する必要がなくなるので、輸送需要の変化に合わせて列車を容易に増発できるようになります。

このため海外では、パリの地下鉄（メトロ）の一部路線やニューヨークの空港アクセス鉄道「エアトレイン」をはじめとする多くの鉄道でGoA4が導入されています。いっぽう日本では、「ゆりかもめ」などのAGTの一部や、愛知県の「リニモ」（第5章の5-6で詳説）のみで導入されています。

4-4 列車の運行管理

鉄道における安全かつ安定した輸送を実現するには、列車の位置を把握し、それが列車ダイヤ通りに動いていることを確認

する必要があります。本節では、そのための列車の運行管理について説明します。

●駅中心の運行管理

現在日本では、多くの鉄道に「指令室」などと呼ばれる施設があり、列車の運行を一元的に管理しています。後述するCTC（列車集中制御装置）のようなシステムを導入して、列車の位置を把握しながら、各駅の信号機や分岐器を遠隔操作しています。

いっぽう、CTCが導入されていない鉄道では、駅が中心となって列車の運行管理を行っています。このような鉄道では、駅員が信号機や分岐器の操作を手動で行うだけでなく、列車の動きを把握しています。

たとえば、2007年に廃止された宮城県のくりはら田園鉄道では、全区間が単線であるため、行き違いができる3つの交換駅に駅員を配置して、信号機や分岐器の操作や列車の運行管理をしていました（図4-11）。列車がいる位置は、各交換駅の駅員が互いに電話で連絡し合うことで、「下り列車は石越―若柳間にいる」などというように把握していました（写真4-1）。

●指令室による運行管理

CTCを導入した鉄道では、指令室が中心になって列車の運行管理をしています。CTCは列車集中制御装置（Centralized Traffic Control）のことで、指令室の指令員が各駅の信号機や分岐器を遠隔操作して、列車の進路を設定できるようにした装置です。

日本の鉄道では、CTCが1950年代から試験的に導入され、1964年に開業した東海道新幹線で本格的に導入されました。東海道新幹線のCTCでは、リレーの代わりにトランジスタを用

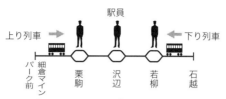

駅員

上り列車　→　　　　　　　　　　←　下り列車

パーク前　細倉マイン　　栗駒　　沢辺　　若柳　　石越

図4-11　くりはら田園鉄道の運行管理の例。途中の交換駅（3駅）に駅員を配置して、列車の動きを把握していた

写真4-1　電話で連絡を取り合う駅員。くりはら田園鉄道若柳駅にて2006年撮影

いた論理回路が日本で最初に導入されました。

　先述したくりはら田園鉄道にCTCと、列車の位置を表示する列車位置表示盤を導入していたら、指令員が列車の位置を把握しながら各交換駅の信号機や分岐器を遠隔操作できるため、3つの交換駅に駅員を配置する必要がなくなり、交換駅の無人化が可能になります（図4-12）。また、列車の運行管理が容易になり、列車の遅れに対して迅速に対応できるようになりま

■CTC 導入前

交換駅同士で連絡をとり
列車の位置を確認し合う
駅員が信号機や分岐器を操作

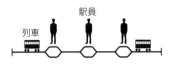

■CTC 導入後

指令員が列車の位置を確認しながら
各交換駅の信号機や分岐器を遠隔操作
交換駅の無人化も可能に

図4-12　CTCの導入前と導入後

す。ただし、これらの導入には多額のコストがかかるので、採算性が低いローカル線に導入するのは難しい場合があります。

　CTCは、列車の運行管理を効率化するうえで画期的な技術でした。ただし、列車の運転本数が増えると、指令員による手動の進路設定作業が複雑になるという課題がありました。

　そこで、情報処理能力が高いコンピュータを用いるPTCが開発されました。PTCは、プログラム式列車運行管理システム（Programmed Traffic Control）のことで、進路の設定作業を自動化するだけでなく、乱れた列車ダイヤを平常時の状態に戻す運転整理や、電光掲示板や放送による旅客案内などの業務を一括で行うことができるシステムです。

　日本で最初に本格的に稼働したPTCは、1972年に東海道・山陽新幹線に導入されたCOMTRAC（コムトラック：COMputer aided TRAffic Control system）です。COMTRACは、列車ダイヤを入力したコンピュータがデータを蓄積して、車両や乗務員を合理的に運用できます。

　なお、こうした列車の運行管理を行っている指令室は、場所

もふくめて一般には公開されていません。指令室は鉄道事業者
（鉄道会社）にとって輸送の根幹であり、セキュリティをとく
にきびしくせざるを得ない施設だからです。

　ただ私は、特別な許可を得てJR東日本の東京総合指令室を
取材し、列車の運行管理の現場を見学したことがあります。東
京総合指令室は、東京圏のJR在来線における鉄道輸送を一括
で管理する、日本最大級の指令室です。ここでは列車の運行だ
けでなく、鉄道で使用する電力や、車両や乗務員の運用、旅客
案内も管理しています。

　私はその内部に入って「東京圏の鉄道は巨大な輸送システム
だ」と感じました。そこでは、東京圏のJR在来線における大
部分の列車の位置を把握できるようになっており、1日約1400
万人が利用する鉄道の輸送を管理する指令員や設備が集約され
ていたからです。

　東京総合指令室には、先述したCTCや、ATOS（アトス：
Autonomous decentralized Transport Operation control
System、東京圏輸送管理システム）と呼ばれる列車運行管理
システムをふくむ機器があり、多くの指令業務が自動化されて
います。ただし、輸送障害や事故といった異常時に発生するダ
イヤの乱れに対応するのは、今も人間です。私は、乱れたダイ
ヤを元に戻そうと奮闘する指令員たちの姿を見て、「機械が発
達した現在でも、基本的に人が列車を動かしている」とあらた
めて感じました。

●スマートフォンでわかる列車運行情報

　現在は、東京総合指令室のような巨大な指令室で管理する情
報の一部を、個人がスマートフォンを通して入手できるように
なっています。鉄道事業者のPTCが管理する情報の一端が、
インターネットを介して公開されるようになったからです。

鉄道の科学

図4-13 「JR東日本アプリ」で表示される運行状況と各列車の
情報

　たとえばJR東日本が運用しているスマートフォンアプリ「JR
東日本アプリ」を使うと、東京圏における列車の運行状況や、
各路線における各列車の位置や遅れ、混雑状況がリアルタイム
で表示されます（図4-13）。山手線に関しては、これらに加え
て列車の各車両の混雑状況や車内温度も表示されます。

4-5 きっぷと自動改札システム

　近年、日本の大都市圏では、紙のきっぷを買って鉄道を利用

する機会が減り、駅の自動券売機や窓口の数が減りました。な
ぜこのような変化が起きたのでしょうか。その理由を日本の鉄
道におけるきっぷの歴史から探ってみましょう。

● 硬券から軟券へ

きっぷは、運賃などの料金を正しく支払ったことを示す証明
書としての役割を果たしています。運賃を証明するきっぷは
「乗車券」、特急料金を証明するきっぷは「特急券」、座席指定
を証明するきっぷは「指定券」と呼ばれます。本節ではおもに
「乗車券」の話をします。

鉄道では、長らく紙のきっぷが使われてきました。かつては
ICカードのように大量の情報を記録できるメディアや、それ
を読み書きする機械やシステムがなかったからです。

紙のきっぷには、大きく分けて硬券と軟券があります。硬券
は厚紙、軟券は薄紙でできたきっぷです（図4-14）。

日本最初の鉄道では、ヨーロッパの鉄道で先に使われていた
硬券（エドモンソン式乗車券）が使われました。日本の鉄道で
軟券が使われるようになったのは、その後のことです。

硬券や、当初使われた軟券では、発券した駅や運賃などの情
報があらかじめ印刷されていたため、駅の窓口は行き先に応じ
て複数の種類のきっぷを常備する必要がありました。

そこで、発券するたびに異なる情報を印刷する軟券が使われ
るようになりました。これによって長距離きっぷは窓口のプリ
ンター、近距離きっぷは自動券売機で印刷して発券するように
なり、駅で複数の種類のきっぷを常備する必要がなくなりまし
た。

● 求められた改札業務の機械化

かつては、多くの駅の改札口で、紙のきっぷを1枚ずつ確認

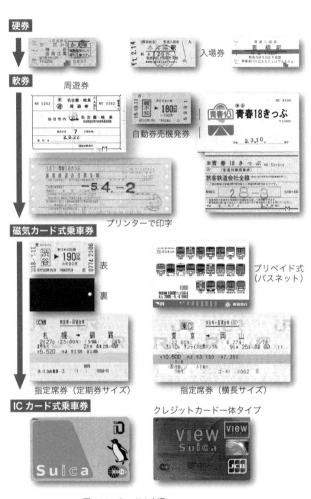

硬券

入場券

軟券

周遊券

自動券売機発券

プリンターで印字

磁気カード式乗車券

表

裏

プリペイド式
（パスネット）

指定席券（定期券サイズ）

指定席券（横長サイズ）

IC カード式乗車券

クレジットカード一体タイプ

図4-14　きっぷの変遷

写真4-2　日本初の地下鉄に導入されたターンスタイル自動改札機のレプリカ。東京の地下鉄博物館にて

する改札業務をしていました。駅員は、きっぷに印刷された情報を1枚ずつ目視で確認し、ハサミ（改札鋏）で印（鋏こん）を入れていました。この鋏こんは、入場した駅がわかるように形が変えてあり、不正乗車を防ぐ役割をしていました。

　このような改札業務は、利用者数が少ない駅では可能ですが、多い駅では煩雑になり、多くの人手を必要とします。

　とはいえ、改札業務を機械化するには、複雑な運賃体系がネックとなりました。日本では、多くの鉄道が乗車区間の距離に応じて運賃を支払う距離制運賃を採用しており、入場した駅と出場する駅によって変わる運賃をその都度確認する必要があったからです。

　ちなみに、1927年に開業した日本初の地下鉄（現在の東京メトロ銀座線の浅草—上野間）では、ターンスタイル自動改札機が導入されていました（写真4-2）。これは、先にニューヨーク

の地下鉄で使われていた自動改札機で、コイン（10銭白銅貨）を入れるとレバーが回って入場できるしくみになっていました。開業当時は運賃が距離に関係なく10銭で統一されていたため、このような自動改札機を導入できたのです。

　しかし、その後この自動改札機は撤去されてしまいました。路線の延伸にともない、距離制運賃を導入することになり、対応できなくなったからです。

● 自動改札機の実用化

　その後日本では、複雑な運賃制度に対応した本格的な磁気カード式自動改札機が開発されました。この自動改札機は、裏面に茶色または黒色の磁気面がある軟券を投入口に入れると、内部の磁気ヘッドが磁気面の情報を瞬時に読み書きして、通過させてよいかを判断するものでした。磁気カード式自動改札機は、日本で1971年に実用化されました。

　その後磁気カード式自動改札機は、大都市圏の民鉄や地下鉄を中心に広がりました。いっぽう国鉄（JRグループの前身）では、運賃体系がたいへん複雑であるゆえに自動改札機の導入が長らく見送られてきましたが、JRグループが発足してからはJR東日本が東京圏で積極的に自動改札機を導入したのをきっかけに、大都市圏を中心に自動改札機の導入が進みました。

　磁気カード式自動改札機は、駅の改札業務を機械化しただけでなく、改札口での人の流れをスムーズにすることで混雑緩和を図ることにも寄与しました。ただし、そのいっぽうで弱点もありました。そのおもなものとしては、きっぷが自動改札機の内部で詰まりやすいことや、自動改札機そのものに可動部があるため故障しやすいこと、きっぷが使い捨てであり、廃棄されたきっぷの処理にコストがかかることが挙げられます。

●ICカードを使った自動改札システム

そこで、磁気カード式自動改札機の弱点を補うものとして、ICカード式自動改札システムが開発されました。このシステムは、「交通系ICカード」と呼ばれる非接触ICカードを自動改札機にタッチするものです。先述した磁気カード式とくらべると、カードに記録できる情報の容量が大きく、自動改札機がわずか0.1秒で情報を処理でき、紙詰まりが起きないというメリットがあります。

非接触ICカードは、内部にアンテナとICチップが埋め込まれており、自動改札機の読み取り・書き込み装置（リーダー／ライター）にタッチすると、電磁波によって瞬時に情報を読み書きします（図4-15）。

日本の鉄道のICカード式自動改札システムでは、ソニーが開発したカードシステム（FeliCa：フェリカ）が使われています。FeliCaは、香港の交通カード（オクトパス）で先に実用化されたのちにJR東日本のICカード（Suica：スイカ）で採用さ

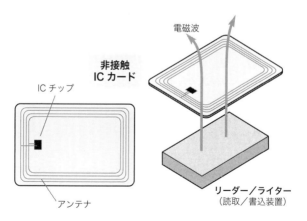

図4-15　ICカード式乗車券（交通系ICカード）のしくみ

鉄道の科学

れ、日本国内に広まりました。また、FeliCaには電子マネーの機能もあり、金額をチャージすることで繰り返し使うことができます。

FeliCaは、のちにクレジットカードやスマートフォンに組み込まれました。FeliCaを組み込んだクレジットカードは、残高が設定金額以下になったときに自動的にチャージするオートチャージ機能が搭載されました。いっぽうFeliCaとクレジットカードを組み込んだスマートフォンは、金額のチャージを手元で行うことだけでなく、スマートフォンそのものを自動改札機にタッチして出入場することを可能にしました。

● 多様化した決済方法

現在日本の鉄道では、自動改札システムでの決済方法が多様化しています。磁気面がある軟券やICカードだけでなく、スマートフォンが表示する、または軟券に印刷したQRコード（2次元コード）や、タッチ決済機能があるクレジットカードにも対応する自動改札機が少しずつ増えているのです。

たとえば沖縄都市モノレール（ゆいレール）では、ICカードの他に、QRコードを印刷した乗車券で自動改札機を通過できるようになっています。いっぽう福岡市営地下鉄では、2024年4月からクレジットカードによるタッチ決済乗車サービスを本格導入しました。またJR東日本をふくむ東京圏鉄道8社は、2026年度末以降に磁気カード式乗車券をQRコードを印刷した乗車券に順次置き換えると、2024年5月に発表しました。

この背景には、スマートフォンの決済機能の発達や、ICT（情報通信技術）の発達による決済方法の多様化、自動改札機の紙づまり防止やコストダウンが求められていること、そして海外の鉄道で自動改札機をクレジットカードで利用する人が増えているという状況が関係しています。とくに、ICカードや

クレジットカードの機能を内蔵したスマートフォンが普及したことや、訪日外国人が増えたことは、日本の自動改札機が多様な決済方法に対応する大きな要因になっています。

　QRコードやクレジットカードに対応した自動改札機は、海外でもよく見られます。たとえばパリの主要ターミナル駅では、TGVが乗り入れるホームにQRコード専用の自動改札機を導入しています。ニューヨークの地下鉄やバスでは、非接触型決済システム（OMNY：オムニー）が導入されており、デビットカードやクレジットカード、スマートフォンを自動改札機にタッチするだけで運賃を決済できるようになっています。

● タッチレス自動改札機

　近年は、さらに一歩進んだ自動改札システムとして、利用者が交通系ICカードを自動改札機にかざさずに決済できるタッチレス自動改札システムの開発が進められています。

　タッチレス自動改札システムには、おもに顔認証方式やミリ波方式があります。顔認証方式は、カメラで撮影した画像から個人を自動的に識別するもの。ミリ波方式は、ミリ波と呼ばれる電磁波を使い、利用者のスマートフォンのアプリと無線で通信するものです。荷物やベビーカーなどで手がふさがっているときでも、立ち止まってスマートフォンを取り出さずに改札口を通過できるというメリットがあります。

　顔認証方式は、成田空港や羽田空港の出国審査ですでに実用化されており、鉄道の駅でも実用化されつつあります。

　たとえば中国の北京西駅では、2016年に顔認証方式のセルフ改札口が導入されました。これは、利用者の顔と身分証の顔写真を照合するもので、QRコードを印刷した乗車券と身分証を顔認証装置に置くと、カメラが利用者の顔を撮影し、照合できればゲートが開きます。従来長い時間を要した改札がおおむね

写真4-3　JR西日本が導入した顔認証方式のゲートレス自動改札機（写真右）。大阪駅うめきた地下口にて

５秒で終わるため、混雑緩和に役立っています。

　いっぽう日本では、2024年６月に、山万ユーカリが丘線が顔認証方式の自動改札機を本格導入しました。また、JR西日本やOsaka Metroの一部の駅では、顔認証方式の自動改札機を試験的に導入し、実証実験を行っています。たとえばJR西日本の大阪駅うめきた地下口では、顔認証方式に対応したゲートがないゲートレス自動改札機が設置されています（写真4-3）。Osaka Metroは、2024年度末に顔認証方式の自動改札機を本格導入する予定です。

●座席指定の進化

　ここまでは、きっぷのうちの乗車券の歴史を振り返ってきたので、ここからは指定券の歴史に目を向けてみましょう。指定券は、その名の通り列車の座席を予約したことを示す証明書としての役割を果たしています。

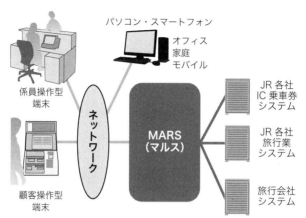

図4-16 JRグループの旅客販売総合システム「MARS（マルス）」。個人が持つパソコンやスマートフォンとは、インターネットを介してつながっている

　もともと指定券は、駅や旅行代理店の窓口に行かないと購入できませんでした。座席指定予約システムのサーバーにアクセスできる端末が、これらの窓口にしかなかったからです。

　現在は、窓口に行かなくても座席の指定予約ができるようになりました。駅に指定券を発券できる自動券売機が設置されただけでなく、個人がパソコンやスマートフォンを使って座席指定予約システムのサーバーにアクセスし、個々に予約できるようになったからです。

　たとえばJRグループが採用している座席指定予約システム（MARS：マルス、現在は旅客販売総合システムと呼ばれている）は、JR各社のシステムと直接つながっているだけでなく、インターネットを介してパソコンやスマートフォンともつながっています（図4-16）。このため、指定券をインターネット経由で購入することができます。

● 進むチケットレス化

　このように、インターネットを使うことで、個人が紙の指定券を持たなくても指定席を利用できるようになりました。また、先述したようにスマートフォンが乗車券の代わりになったことで、紙の乗車券を持つ必要がなくなりました。

　このため、鉄道におけるチケットレス化が進みました。今は、紙のきっぷやICカードを一切持たずに（チケットレスで）新幹線や特急列車を利用できるようになっています。

　たとえばJR東日本の新幹線や特急列車は、スマートフォン1つで利用できます。「モバイルSuica」を導入したスマートフォンを使い、JR東日本のアプリ「えきねっと」で列車と座席を指定すれば、指定席を利用できます。新幹線の場合は、スマートフォンを自動改札機にタッチするだけで新幹線のりばに入出場できます。

　いっぽう、JR東海・JR西日本・JR九州が導入している新幹線チケットレスサービス（「エクスプレス予約」や「スマートEX」）を使えば、スマートフォンだけで東海道・山陽・九州新幹線を利用できます。ただし、利用する前に新幹線チケットレスサービスに登録する必要があります。

● 数が減った自動券売機や窓口

　本節の冒頭で述べた通り、近年日本の主要駅では自動券売機や窓口の数が減りました。ICカード式乗車券やネット予約、チケットレスサービスを利用する人が増えた結果、これらを利用する人が減ったからです。とくに座席指定ができる自動券売機（指定席券売機）が増えたことは、駅の窓口が減る大きな要因になりました。

　なお、窓口を廃止する代わりに、オペレータと会話できる指

定席券売機を設置した駅もあります。この指定席券売機は、従来の指定席券売機の操作に不慣れな利用者のために開発されたもので、離れた場所にいるオペレータが利用者と会話してきっぷを遠隔操作で発行します。

4-6 バリアフリー化とユニバーサルデザイン

鉄道は、不特定多数の旅客が利用する公共交通機関であるため、旅客輸送を実施するうえではあらゆる人が利用しやすいようにする工夫が必要になります。とくに近年は、そのニーズが高まっているため、さまざまな工夫がされるようになりました。

このような工夫の代表例には、バリアフリー化や、ユニバーサルデザインの導入があります。本節ではそれぞれの概要を実例とともに説明します。

●障壁をなくすバリアフリー化

バリアフリー化は、移動の障壁（バリア）を取り除くことで、身体障害者や高齢者のように身体が不自由な人でも利用しやすくすることを指します。

日本では、鉄道のバリアフリー化が積極的に進められています。エレベーターやエスカレーター、点字ブロック、多目的トイレの設置は、その代表例です。

駅と車両の両方の改良で進められているバリアフリー化もあります。おもな例としては、車体床面とホーム上面との段差の縮小や、ホームドア（可動式ホーム柵・写真4-4）の設置があります。

一部の路面電車では、車内のバリアフリー化も実現しています。車体全体の床面を低くすることで、停留所のホームとの段

写真4-4　駅のホームに設けられたホームドア。東京メトロ千
代田線表参道駅にて

写真4-5　ピクトグラムを案内看板に採用した例。JR東京駅丸
の内中央口にて

差を小さくするだけでなく、車いすで車内を移動することを可能にしています。

● ユニバーサルデザイン（万人向け設計）

ユニバーサルデザインは、体格や言語、文化などの差異に関係なく、誰でも利用できるようにする設計のことで、「万人向け設計」とも呼ばれます。

鉄道でのおもな導入例としては、車内の吊り革（吊手）の改良やスタンション（握り棒）の導入、駅ナンバリングやピクトグラム（絵文字・写真4-5）の導入や、表記・放送の多言語化があります。車内の吊り革の改良やスタンションの導入は、体格が異なる人が身体を支えられるようにする目的があります。駅ナンバリングやピクトグラムの導入や、表記・放送の多言語化は、日本語の表記や放送を理解できない外国人に対応することをおもな目的としたものです。

日本の鉄道では、国土交通省の指導のもと、外国人向けのユニバーサルデザインが訪日外国人の増加や東京2020オリンピック・パラリンピック競技大会を機に積極的に導入されました。たとえばJR東日本は、2016年から東京圏における主要駅の案内看板や構内放送を日本語・英語・中国語・韓国語の4言語に対応させました。東京メトロは、2018年から駅の自動券売機と自動精算機の案内言語を、日本語・英語・中国語（繁体字・簡体字）・韓国語・フランス語・スペイン語・タイ語の7ヵ国語に対応させました。

海外の鉄道では、もっと多くの言語に対応した例があります。たとえばロンドンの地下鉄では、17ヵ国語に対応した自動券売機を駅に導入しています。

自動券売機できっぷやICカードを購入する手間を省く試みとしては、先述したように、クレジットカードによるタッチ決

済に対応した自動改札機の導入があります。この試みは、先述した日本の福岡市営地下鉄だけでなく、ロンドンやニューヨークの地下鉄でも行われています。

第5章

新幹線と高速鉄道

西九州新幹線「かもめ」

本章では、在来線よりも列車が高速で走行する新幹線と、そこから派生した世界の高速鉄道について説明します。

5-1　新幹線とは何か

●新幹線の定義

　新幹線は、日本で開発された高速鉄道です。1970年に施行された法律「全国新幹線鉄道整備法」の第二条では、「その主たる区間を列車が二百キロメートル毎時以上の高速度で走行できる幹線鉄道」と定義しています。

　1964年に開業した東海道新幹線は、日本で最初に開業した新幹線であり、世界で最初に200km/h以上での営業運転を実現した鉄道です（写真5-1）。また、第二次世界大戦後の日本における急速な経済発展に貢献し、海外の国々で高速鉄道を導入するきっかけをつくった鉄道でもあります。このため、東海道新幹

写真5-1　1964年に開業した東海道新幹線

線は「世界の高速鉄道の先駆け」とも言われています。

● なぜ日本が新幹線を生み出せたのか

なぜ日本は新幹線を生み出すことができたのでしょうか。その背景を探ってみましょう。

結論から言うと、日本が新幹線を生み出せた理由としては、おもに次の3つが挙げられます。

(1)海外の鉄道で200km/h以上で走行した実績があった
(2)多額の投資をして新しい鉄道を建設する意味があった
(3)第二次世界大戦前に新幹線に似た計画があった

(1)の「海外の鉄道で200km/h以上で走行した実績があった」というのは、日本よりも先にドイツやフランスで鉄道の高速走行試験が行われていたことを指します。

現在は、コンピュータが発達しているので、車両が線路を高速で走行し、許容範囲を超えたときに何が起こるかをシミュレーションすることができます。しかし、それができなかった時代は、走行試験を脱線などの大惨事が起こる一歩手前までで実施するしかありませんでした。

ドイツは、1903年に電車の走行試験で203km/hを記録し、世界の鉄道で初めて200km/hを突破しました（写真5-2）。また、同年には210.2km/hを記録し、当時の世界鉄道最高速度記録を樹立しました。

フランスは、1955年に電気機関車がけん引する客車列車の走行試験で326km/h（同年に331km/h）を記録し、世界の鉄道で初めて300km/hを突破しました（写真5-3）。このときは、試験列車が走った後の線路のレールが、台車の運動によって大きく曲がり、脱線が起こる可能性がありました（写真5-4）。

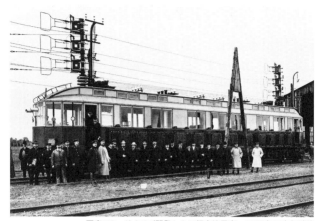

写真5-2　ドイツが開発した三相交流電車。1903年に走行試験で203km/hを記録し、世界の鉄道で初めて200km/hを突破した

写真5-3　フランスが開発した電気機関車。1955年に客車をけん引して走行試験を行い、331km/hを記録した。シテ・デュ・トラン（フランス鉄道博物館）にて

写真5-4 1955年にフランスで高速試験を実施した後の線路。
レールが大きく曲がっているのがわかる

　日本の鉄道技術者たちは、こうした走行試験の実績や、その
とき発生したトラブルから多くのことを学ぶことができまし
た。だからこそ、200km/h以上でも安定した走行ができる線路
と車両をつくることができたのです。
　(2)の「多額の投資をして新しい鉄道を建設する意味があっ
た」というのは、新幹線をつくるうえで大きな理由になりまし
た。

鉄道の科学

185

ヨーロッパや北米では、第二次世界大戦後になって自動車や航空機が発達したことで、鉄道が急速に斜陽化し、「鉄道は消えゆくもの」とする悲観論まで語られるようになりました。それゆえ、政治家が鉄道に対する多額の投資を渋るようになり、高速鉄道が生まれにくい状況になりました。

　いっぽう日本では、自動車や航空機の発達がヨーロッパや北米よりも大幅に遅れたため、東海道新幹線が起工された1959年時点では、鉄道の斜陽化は進んでいませんでした。むしろ在来線、とくに東海道本線で輸送力が逼迫していたので、新しい鉄道を建設する必要性が高かったのです。

　東海道本線は、日本の人口の約半分を占める三大都市圏が沿線にある輸送需要がきわめて高い鉄道であり、その輸送量は、旅客・貨物ともに、国鉄（JRグループの前身）の全輸送量の４分の１を占めていました。それゆえ、線路を増やして輸送力を増やすことが検討され、結果的に東海道本線の「別線」として東海道新幹線が建設されることになったのです。

　また、日本の在来線が狭軌であったことは、輸送力増強や高速化で有利な標準軌の鉄道を新設する大きな理由にもなりました。

　(3)の「第二次世界大戦前に新幹線に似た計画があった」というのは、「弾丸列車計画」を意味します。「弾丸列車計画」とは、東京―下関間に標準軌の鉄道を建設して、200km/hで列車を走らせるという計画で、一部区間で用地の確保やトンネル工事が進んだものの、戦時中に工事が凍結されました。

　東海道新幹線という総延長515.4km（実キロ）の長大なインフラが、1959年の起工からわずか５年余りで完成したのは、この「弾丸列車計画」で取得した線路用地があり、用地買収にかかる時間を短縮できたことが大きく関係しています。つまり、新幹線を誕生させるための下地がもともとあり、短期間で完成

させることができたため、計画の実現性が高かったのです。

　以上述べた３つの理由は、東海道新幹線の建設費の一部を世界銀行から借りるうえでも重要でした。実現性が高いプロジェクトでなければ、世界銀行を説得して融資してもらうことは不可能だったからです。

●既存技術の寄せ集め？

　先ほども述べたように、新幹線は高速鉄道の先駆けとも言われる存在ですが、新幹線を支える個々の技術には、新規性がほとんどありませんでした。いずれの技術もヨーロッパや北米の鉄道ですでに導入実績があるものだったからです。つまり新幹線は、既存の鉄道技術を寄せ集めて構築された高速鉄道システムだったのです。これは、約５年という短期間に、高速鉄道システムとしての完成度を高めるうえで重要なことでした。

　日本の鉄道技術者は、高速運転を実現するための鉄道技術を海外から学び、新幹線を実現させました（図5-1）。

　こう書くと「日本の鉄道技術者が海外の鉄道技術を模倣した」と思う方もいるかもしれませんが、そうではありません。

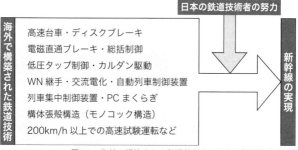

図5-1　海外で構築された鉄道技術と、日本の鉄道技術者の努力が、新幹線の実現につながった

日本の鉄道技術者は、今のようにインターネットがなく、海外旅行が自由にできなかった時代に、他国から鉄道技術の情報を入手して咀嚼し、日本の鉄道に合うようにアレンジすることで、新幹線の技術を構築しました。こうした鉄道技術者の努力は抽象的かつ地味なので、マスメディアはあまり紹介しませんが、新幹線実現の鍵になったものとして、もう少し知られてもいいのではないかと私は考えます。

● システムとしての新幹線

　新幹線は、狭軌鉄道である日本の在来線と互換性を持たない標準軌鉄道です。JRグループの新幹線と在来線では、軌間だけでなく、車両や施設の断面の大きさの限界範囲（車両限界や建築限界）が異なります。在来線と線路を共有しないことを前提としているからです。

　また、日本の鉄道技術者たちは、「3S」というコンセプトに基づいて新幹線という高速輸送システムをまとめ上げました。「3S」とは、Speed（スピード）・Safety（安全）・Secure（確実）の頭文字をとったものです。つまり、営業最高速度が200km/h以上という世界に前例がない鉄道をつくることを念頭に置きつつも、鉄道の使命である安全を確保し、確実に輸送をこなす高速輸送システムの実現を目標に掲げていたのです。

　このため新幹線では、既存の鉄道や道路と立体交差することで本線から踏切をなくし、線路の中に人や動物が侵入できない構造にしました。また、ATC（自動列車制御装置）を本格的に導入して、信号に応じて列車の減速を自動的に行うようにしました。さらに、CTC（列車集中制御装置）を導入し、列車の運行管理を効率化しました。これらの対策は「3S」を実現するための一例に過ぎません。

●東海道新幹線開業のインパクト

1964年の東海道新幹線の開業は、国内のみならず海外にも影響を与えました。

国内では、東京―大阪間の日帰り出張を容易にしたことで経済活動が活発になりました。それゆえ、地域発展の切り札として新幹線待望論が全国各地で語られるようになり、結果的に全国に新幹線のネットワークを構築することが計画されました。

いっぽう海外では、日本で世界最速の営業鉄道が開業したことだけでなく、その経済効果が注目されたことで、鉄道の有用性が再認識されました。そのインパクトは、それまで語られていた悲観論を吹き飛ばすほど大きく、新幹線のような高速鉄道を建設する気運を高めるきっかけとなりました。

海外の国でとくに反応したのがフランスです。フランスは、当時鉄道技術において世界トップの座にあり、日本をふくむ多くの国から鉄道技術を学ぶ留学生を受け入れていました。それゆえ、それまでノーマークだった日本で新幹線が誕生したことに反応し、自国のプライドにかけて高速車両（TGV車両）を開発しました。これについては、5-5でくわしく説明します。

5-2 新幹線の運転技術

新幹線は、多岐にわたる技術の集合体です。本節では、それらの技術のうち、列車の運転に関わる技術を紹介します。

●進化したATC

新幹線では、東海道新幹線開業時から信号システムとして、車内信号機を用いたATCが導入されています。ATCはATSよりも高度な信号システムであり、信号機の見落としやブレーキ操作の遅れなどの運転士の運転ミスを補うことができます。

鉄道の科学

現在新幹線のすべての路線では、第4章の4-2で紹介した一段ブレーキ方式のデジタルATCが導入されています。従来の多段ブレーキ方式のATCとくらべると、走行速度がなめらかに低下するため、乗り心地がよくなっています。

● 高密度輸送に対応する運行管理システム

　新幹線では、第4章の4-4で紹介した列車の運行管理の技術も進化しています。これは、路線の延伸にともなって停車駅が増え、列車の運転本数が増えただけでなく、停車駅パターンが増えて運行管理業務が複雑化したためです。

　東海道新幹線が開業したときは、効率的な運行管理を実現するためにCTCが導入されました。国内で本格的なCTCを導入した鉄道は、東海道新幹線が最初だったため、これは画期的なことでした。

　しかし、前述した変化によって運行管理業務が複雑化すると、指令員が担う作業の量が増え、対応することが難しくなりました。

　このため現在は、CTCに多くの機能を追加した運行管理システムが新幹線に導入されています。運行管理システムは、従来指令員が行っていた作業の一部（進路設定など）を、コンピュータを用いて自動化したもので、CTCを導入していたころよりも指令員にかかる負担が少ないという特長があります。なお、現在新幹線で使われている運行管理システムは高機能化しており、列車ダイヤが乱れたときにすみやかに回復させる運転整理や、駅における発車標（列車の行き先や発車時刻を表示する機器）の表示や案内放送を自動で行えるようになっています（図5-2）。

　新幹線で最初に使われた運行管理システムは、1972年に山陽新幹線が岡山まで開業したときに導入されたコムトラック

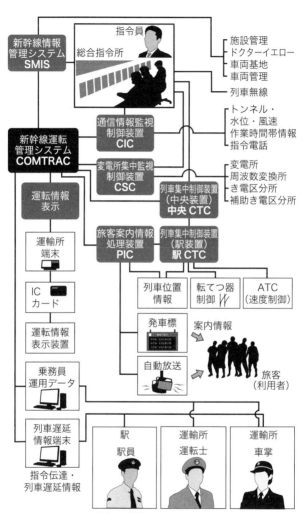

図5-2　現在の新幹線の運行管理システム（COMTRACの例）

（COMTRAC：COMputer aided TRAffic Control）です。現在は、当時よりも高機能化していますが、コムトラックという名前は、東海道・山陽新幹線の運行管理システムで今も使われています。

　いっぽう、東海道・山陽新幹線以外の新幹線では、コムトラック以外の運行管理システムが使われています。たとえばJR東日本が運営する新幹線と北陸新幹線、後述するミニ新幹線では、コスモス（COSMOS：COmputerized Safety Maintenance and Operation System of Shinkansen）と呼ばれる運行管理システムが使われています。

●ミニ新幹線とフリーゲージトレイン

　新幹線のネットワークは全国に広がると、在来線特急との乗り継ぎの不便さが問題になりました。そこで日本では、新幹線と在来線の直通運転（新在直通運転）を実現する方式として、ミニ新幹線方式とフリーゲージトレイン方式が検討されました。

　ミニ新幹線方式は、在来線の一部区間の軌間を新幹線と同じ標準軌に改軌して、直通列車を走らせる方式です（写真5-5）。既存の在来線の施設を利用するため、在来線と同じサイズの電車を使います（新幹線電車よりもサイズが一回り小さい）。

　ミニ新幹線方式には長所と短所があります。おもな長所としては、既存の在来線の線路などの施設を使うため、新規で新幹線を建設するよりも低いコストで導入でき、都市間輸送の所要時間の短縮を図れることや、技術的に容易に導入できることが挙げられます。おもな短所としては、改軌工事のため、在来線を長期間運休しなければならないことが挙げられます。

　ミニ新幹線方式の実用例としては、JR東日本が運営する山形新幹線と秋田新幹線があります。これらは、東北新幹線経由

写真5-5　ミニ新幹線である山形新幹線の列車（E3系）。東京
—福島間は東北新幹線を走行し、福島—新庄間は標準軌に改軌
した在来線（奥羽本線）を走行する。2013年撮影

で東京と山形（新庄）・秋田を結ぶ直通列車の愛称です。名前
に「新幹線」と付いていますが、在来線での最高速度は
130km/hなので、本章の5-1で述べた定義（200km/h以上）に
当てはまる新幹線（「フル規格新幹線」とも呼ぶ）ではありま
せん。

　いっぽうフリーゲージトレイン方式は、第3章で紹介したよ
うに、軌間可変台車を採用した軌間可変電車（フリーゲージト
レイン、写真5-6）を導入して、直通列車を走らせる方式です。
ミニ新幹線方式と同様に、在来線と同じサイズの電車を使用し
ます。

　ここでいう軌間可変台車は、2種類の軌間（標準軌と狭軌）
に対応した台車で、軌間に合わせて左右の車輪の間隔を変えら
れる構造になっています（図5-3）。

　フリーゲージトレイン方式にも長所と短所があります。おも

写真5-6　在来線を走るフリーゲージトレイン(第3次試験車)

　な長所としては、在来線の改軌工事を必要とせず、ミニ新幹線
方式よりも施設にかけるコストを削減できることが挙げられま
す。おもな短所としては、軌間可変台車の開発が難しく、技術
的なハードルが高いことが挙げられます。

　日本では、フリーゲージトレイン方式が、新幹線と在来線の
障壁をなくす切り札として期待されていましたが、実現には至
りませんでした。3種類の軌間可変電車が開発されたものの、
走行試験でトラブルが頻発し、実用化の目処が立たなくなった
からです。このため、北陸新幹線や西九州新幹線に導入する計
画は立ち消えになりました。

　いっぽう、スペインでは、2種類（標準軌と広軌）の軌間に
対応した客車（軌間可変客車）や電車（軌間可変電車）がすで
に存在し、営業運転を行っています。在来線が広軌（1668mm）
であるスペインでは、標準軌の高速新線との直通運転を実施す
るため、軌間可変客車や軌間可変電車を開発したのです。

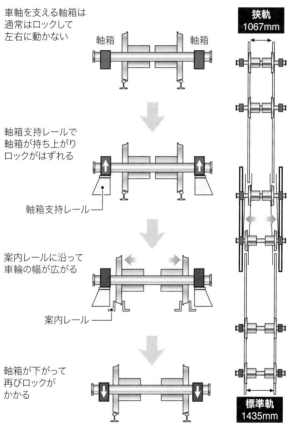

車軸を支える軸箱は
通常はロックして
左右に動かない

軸箱　　　　　　軸箱

狭軌
1067mm

軸箱支持レールで
軸箱が持ち上がり
ロックがはずれる

軸箱支持レール━

案内レールに沿って
車輪の幅が広がる

案内レール━

軸箱が下がって
再びロックが
かかる

標準軌
1435mm

図5-3　日本が開発したフリーゲージトレインの軌間可変台車
の構造。左右の車輪の幅は、軸箱支持レールがある部分で変換
される

鉄道の科学

それではなぜフリーゲージトレインがスペインで実現して、日本で開発が難航したのでしょうか。その理由は多数ありますが、おもな理由としては対応する軌間が異なる点が挙げられます。つまり、広軌に対応させるよりも狭軌に対応させることが技術的に難しいのです。

　軌間可変台車の構造は、客車用でも複雑ですが、電車用ともなるともっと複雑になります。台車の内部に主電動機や駆動装置などの機器を収納しなければならないからです。また、幅が狭い狭軌に対応させようとすると台車内部の空間が狭くなるため、制約が多くなり、軌間可変台車の構造がさらに複雑になります。さらに、走行条件が異なる新幹線と在来線の両方に対応させるとなると、技術的な難易度がより高まります。これに加えて、車両の製造・保守コストが増大するため、新幹線と在来線の直通運転を実現するフリーゲージトレインの開発が頓挫してしまったのです。

　ただし、日本でのフリーゲージトレインの開発はまだ続いており、新幹線以外の鉄道の直通運転を実現するために導入することが検討されています。

5-3 新幹線の騒音対策

　新幹線の歴史では、最高速度の引き上げ（スピードアップ）が段階的に進められてきました。このとき大きなネックとなったのが騒音です。つまり、騒音の問題をクリアしないと、スピードアップが実現できなかったのです。

　そこで本節では、新幹線における騒音の概要と、その対策について説明します。

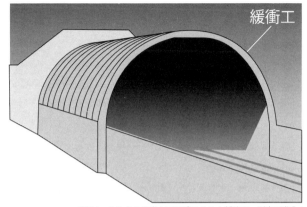

図5-4　トンネルの出入口に設けられた緩衝工。列車が進入したときに発生するトンネル微気圧波を低減する働きがある

● 背景にある騒音問題

　騒音は、新幹線が抱える大きな問題でした。たとえば東海道新幹線では、沿線に伝わる騒音が社会問題化し、訴訟問題に発展しました。このことは、「新幹線公害」という言葉を生み、その後の新幹線の建設が反対される要因にもなりました。また、山陽新幹線の長いトンネルの出入口付近では、「トンネル微気圧波」と呼ばれる圧縮波による破裂音が観測され、沿線にとっての騒音となりました。「トンネル微気圧波」については、この後「先頭形状の改良」でくわしく説明します。

　そこで国鉄は、線路の両側に防音壁を設け、沿線に伝わる騒音を低減しました。また、トンネルの出入口に「緩衝工」と呼ばれるフードを設け、トンネル微気圧波を低減しました（図5-4）。

　ただし、国鉄は、大幅なスピードアップは長らく見送りました。最高速度を上げつつも、列車が走るときに発生する騒音

写真5-7 「のぞみ」の初代車両である300系。東海道・山陽新幹線のスピードアップに貢献した

を、環境庁（現・環境省）が定めた基準値（住宅地70デシベル、商工業地75デシベル）以下に保つことは技術的なハードルが高く、多額のコストを必要とするからです。

　このため航空機が発達すると、新幹線は競争力を失い、利用者数が伸び悩みました。この背景には、国鉄の経営状態の悪化に伴うサービス水準の低下も関係しています。

　新幹線における大幅なスピードアップが実現したのは、国鉄が分割民営化されてJRグループが発足した後でした。その先駆けとなったのが、1992年に東海道新幹線で営業運転を開始した「のぞみ」です。

「のぞみ」は、東海道新幹線の最高速度を引き上げ（220km/h→270km/h）、東京―新大阪間の最短所要時間を短縮しました（2時間49分→2時間30分）。この背景には、カーブでのカント（軌道の傾斜）を上げるといった線路の改良や、新型電車（300

系）の導入がありました（写真5-7）。

　300系は、車両構造を抜本的に見直したフルモデルチェンジ車両であり、発生する騒音を減らすことで、それまで実現できなかったスピードアップを実現しました。現在新幹線で運転されている営業用の電車は、すべて300系がベースになっていると言っても過言ではありません。

　現在、新幹線でもっとも速い最高速度は、東北新幹線の一部区間における320km/hです。ここまで最高速度を引き上げることができたのは、さまざまな騒音対策が施されたおかげです。

●騒音の構成

　新幹線から発生する騒音には、集電系音と非集電系音があります（図5-5）。集電系音はパンタグラフ付近で発生する音、非集電系音はそれ以外の音です。非集電系音には、車体が高速で

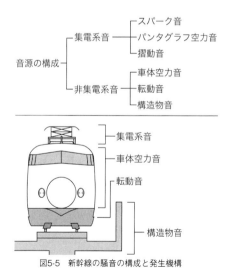

図5-5　新幹線の騒音の構成と発生機構

移動することで発生する車体空力音や、車輪がレールの上を転がることで発生する転動音、そして土木構造物が振動して発生する構造物音があります。

　これらの音を小さくするには、防音壁を設けるなどの線路設備の改良だけでなく、車両の改良が必要です。

●パンタグラフの改良

　集電系音は、パンタグラフや碍子（がいし）、またそれらの周辺の改良によって小さくできます。集電系音には、架線（トロリ線）とすり板の間で発生するスパーク音や摺動音の他に、パンタグラフや碍子が風を切るときに発生するパンタグラフ空力音があります。

　集電系音を小さくする方法は、おもに2つあります。1つは、パンタグラフや碍子の構造を改良すること（写真5-8）、も

写真5-8　E2系1000番台のパンタグラフ。パンタグラフや碍子の構造を工夫して、パンタグラフ周辺のカバーを廃止した

写真5-9　N700Sのパンタグラフ。パンタグラフや碍子から風切り音が出るのを防ぐガイシオオイと、騒音の拡散を防ぐ二面側壁が設けられている

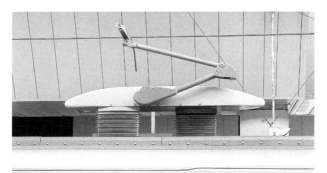

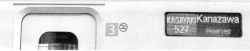

写真5-10　E7系のシングルアーム型パンタグラフ

写真5-11 かつて500系に導入されたT字型（翼形）パンタグラフ。空気圧を使ってすり板を垂直に押し上げる構造になっていた。JR西日本博多総合車両所にて

う1つは、パンタグラフの周辺にカバー（ガイシオオイ）や二面側壁を設けることです（写真5-9）。

　現在新幹線で走っている車両は、すべて「く」の字形のシングルアーム型パンタグラフが使われています（写真5-10）。シングルアーム型パンタグラフは、それまで使われていた下枠交差型パンタグラフよりも部品点数が少なく、風切り音が発生しにくいという特長があります。また、新幹線で使われているシングルアーム型パンタグラフは、さらに風切り音が発生しにくい構造になっています。

　なお、JR西日本が開発した新幹線電車（500系）では、営業運転開始当初はT字型（翼形）パンタグラフを採用していました（写真5-11、現在はシングルアーム型パンタグラフ）。T字型パンタグラフは、すり板を空気圧で上に押し上げる構造になっており、側面に風切り音を小さくするための凹凸がついてい

ました。

●先頭形状の改良

　車体空力音には、車体が風を切るときに発生する風切り音の他に、トンネルの出入口付近で発生する「ドン」という破裂音があります。この音は、スラブ軌道の長いトンネルで発生しやすいという傾向があります。

　この音の原因は、「トンネル微気圧波」または「トンネルソニックブーム」と呼ばれる圧縮波です（図5-6）。高速で走行する車両がトンネルに進入すると、空気が急激にトンネル内部に押し込められ、圧縮波が発生します。この圧縮波は、車両よりも先にトンネルの出口に到達し、急激に圧力が下がったときに破裂音を発生させます。

　この音を小さくするには、2つの方法があります。1つは、先述したトンネルの出入口に「緩衝工」と呼ばれるフードを設ける方法。もう1つは、車両の先頭形状を改良する方法です。

　300系以降に開発された新幹線電車の先頭形状は、後方に行くほど断面積が徐々に大きくなる構造になっており、空気をトンネル内部に急激に押し込まないように改良されています。つ

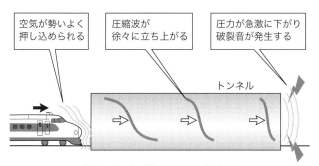

図5-6　トンネル微気圧波が発生するしくみ

写真5-12　500系の先頭形状。先端から後方に向かって15m
にわたって車体上部が傾斜している。トンネル微気圧波の発生
を抑えるための工夫の一つ

まり、圧縮波の発生を抑える構造になっているのです。日本の
新幹線電車の「顔」とも言うべき先頭部の形（先頭形状）は、
傾斜する部分が前後に長く、なめらかな流線形になっています
（写真5-12）。この形には、速度の２乗に比例して大きくなると
される空気抵抗を減らすだけではなく、トンネルで発生する騒
音（破裂音）を小さくするという目的があるのです。

● 車輪とレールの削正

　転動音を小さくする工夫には、車輪とレールの表面の凹凸を
小さくする方法があります。車輪とレールは、長く使っている
と表面に凹凸ができるので、それらを削って滑らかにするのです。
　車輪は、総合車両基地での定期点検で専用の機械にセットし
て、表面（踏面）を滑らかにします。レールは、レール削正車
と呼ばれる保線機械を走らせて、回転する砥石で頭部の表面を

削り、平滑にします。

● 車両の軽量化と構造物の改良

構造物音を小さくする方法は、おもに2つあります。1つは、車両を軽くすること。もう1つは構造物を改良することです。

車両を軽くすることは、先述した300系で実現しました。300系は、アルミニウム合金製車体やボルスタレス台車を採用し、車両構造全体の構造を改良することで、東海道・山陽新幹線の一世代前の車両（100系）よりも車両の平均重量が約25%軽くなりました。このような車両軽量化は、のちに開発された新幹線電車にも受け継がれています。

いっぽう構造物の改良には、構造物の重量化や、軟弱地盤の基礎の強化、軌道への防振スラブの採用があります。また、鉄桁（鋼製の橋桁）を極力避けることでも、構造物音を小さくできます。

5-4 新幹線の防災技術

新幹線は、さまざまな自然災害が発生しても安全を確保できるように設計されています。本節では、おもな新幹線の防災技術の例として、地震対策と凍結・雪害対策を紹介します。

● 地震対策

地震対策は、新幹線にとって極めて重要です。列車が高速で走行している最中に大きな地震が発生すると、脱線事故が発生しやすくなるからです。

このため新幹線では、第3章の3-6で紹介した早期地震検知警報システムを導入して、大規模な地震を検知したときに列車

写真5-13　新潟県中越地震によって発生した上越新幹線での脱線事故

を緊急停止させるようになっています。

　この早期地震検知警報システムのおかげで、新幹線での地震による列車事故の犠牲者数はゼロにとどまっています（2024年5月時点）。ただし、地震による列車の脱線が起きたこともありました。たとえば2004年に発生した新潟県中越地震では、震源近くを走っていた上越新幹線の列車が脱線しました（写真5-13、新幹線における営業列車で初の脱線事故）。

　この脱線事故を教訓として、新幹線を運用するJR各社では、車両や線路施設の改良を実施しました。そのおもな例として、脱線・逸脱防止対策があります（図5-7）。これは、線路や車両に器具を追加することで、車両の脱線や軌道からの逸脱を防ぐもので、JR各社によって対策方法が異なります。

● **凍結・雪害対策**

　新幹線では、在来線よりも凍結・雪害対策が強化されていま

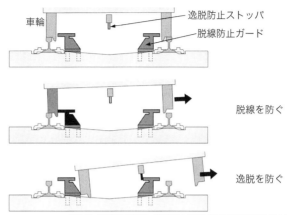

図5-7　新幹線の脱線・逸脱防止対策（東海道新幹線の場合）

す。これは、東海道新幹線の関ヶ原付近で、車両の機器が雪の付着によって故障し、列車の遅れや運休が頻発したことが教訓となっていると言えます。

凍結・雪害対策は、車両と線路の両方で行われています。たとえば寒冷地を通る北海道・東北・上越・北陸新幹線では、耐寒耐雪性能を高めた車両を導入するだけでなく、線路に凍結や雪害を防ぐ設備を設置しています。とくに分岐器では、レールの凍結や、雪がすき間にはさまることによってトングレール（転換時に動くレール）が動かなくなると、安全な列車運行ができなくなるため、凍結・雪害対策が強化されています。

雪害を防ぐ設備には、さまざまな種類があります。おもな例としては、スプリンクラーで温水をまいて軌道の雪を融かす散水消雪設備や、分岐器のトングレールに高圧温水を吹き付ける温水ジェット融雪設備、分岐器に熱風を当てて雪を融かす熱風式分岐器融雪装置があります。

世界の高速鉄道

　次に、世界の高速鉄道に目を向けてみましょう。現在は、営業列車が200km/h以上で走行する高速鉄道が世界の多くの国に存在します（図5-8）。また、その総延長は、東海道新幹線の開業以来、延び続けています（図5-9）。これは、日本の新幹線の誕生に刺激されて、高速鉄道を導入する国が増えた結果です。

　そこで本節では、技術の視点で、海外の高速鉄道の歴史をざっくりと見てみましょう。

● 高速新線の建設に消極的だったヨーロッパ

　日本で新幹線が誕生したことが、海外の鉄道関係者にも伝わると、高速鉄道の注目度が上がりました。ところがヨーロッパ

図5-8　200km/h以上で営業運転をしている高速鉄道を保有するおもな国や地域

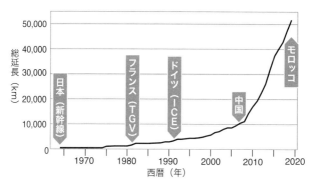

図5-9　世界の高速鉄道における総延長の推移。1964年の東海道新幹線の開業以来、その総延長は増加傾向にある

や北米の国々は、高速新線を建設することにまだ消極的でした。先程も述べた通り、鉄道に関しては根強い悲観論があり、多額の投資を渋る雰囲気があったからです。

　そこで当初は、西ドイツ（現ドイツ）やイギリスが在来線に高速列車を走らせました。

　西ドイツは、1968年に在来線で最高速度200km/hでの営業運転を開始したものの、その1年後に中止しました。

　イギリスは、ディーゼル機関車を編成の前後両端に連結した高速車両（HST：High Speed Train）を開発し、1976年に在来線で最高速度200km/hでの営業運転を開始しました。その後、HSTのネットワークはイギリス全土に広がり、一部区間が電化され、電気機関車を連結した高速列車も走るようになりました。

　ヨーロッパで最初に高速新線を開業させたのは、イタリアでした。同国は、地形の起伏が激しいゆえに在来線にカーブが多く、高速新線を建設する必要がありました。このため、1977年にヨーロッパ初の高速新線を部分開業させ、250km/hでの営業

運転を開始しました。

　イタリアでは、在来線と高速新線の両方が標準軌で、双方の直通運転が可能でした。このため、日本の新幹線のように高速列車が走るすべての区間で高速新線を整備する必要がありませんでした。このことは、ヨーロッパの多くの国々にも共通することでした（在来線が広軌であるスペインなどの一部の国を除く）。

●フランスのTGV

　そこでフランス国鉄は、この点に注目して、ヨーロッパ初となる本格的な高速鉄道システムを導入しました。電気機関車を前後両端に連結した高速車両（TGV：Train à Grande Vitesse［高速列車を意味する］）を開発し、都市部を除く区間で高速新線を整備して、1981年にパリ─リヨン間で最高速度260km/hでの営業運転を開始したのです。

　フランスの高速鉄道システムは、日本の新幹線よりも汎用性が高いものでした。在来線が標準軌の国や地域であれば、在来線のネットワークを活用しながら高速新線を整備でき、新幹線よりも低コストで導入できるというメリットがあったからです。

　現在のTGVは、営業最高速度が320km/hで、パリから放射状に延びる高速新線を通り、国内の主要都市を結んでいます。また、フランス以外にも、イギリスやベルギー、オランダ、ドイツ、ルクセンブルク、スペイン、スイス、モナコ、イタリアに乗り入れています。

　2007年には、TGVの特別編成が走行試験で574.8km/hを記録し、鉄輪式鉄道の世界最速記録を樹立しました（写真5-14）。この記録は、現在も抜かれていません。

写真5-14　フランス国鉄のTGVの特別編成（TGV4402）の模型。この特別編成は、2007年に574.8km/hを記録し、鉄輪式鉄道の世界最速記録を塗り替えた。シテ・デュ・トラン（フランス鉄道博物館）にて

● ドイツのICE

　ドイツは、フランスに次いで高速車両（ICE：InterCity Express）を開発し、1991年に営業運転を開始しました。高速新線における当初の最高速度は、250km/hでした。

　ICEも、TGVと同様に高速新線と在来線の両方を走行する構造になっています。現在の最高速度は、高速新線で320km/h（ドイツ国内は300km/h）、在来線で200km/h（改良された区間）となっています（写真5-15）。

　ICEには、電気機関車方式や電車方式、気動車方式のものがあり、車体傾斜機構を採用してカーブでの通過速度を向上させた車両も存在します。これらは、ドイツ国内だけでなく、スイスやオーストリア、オランダ、ベルギー、フランス、デンマークにも乗り入れています。

写真5-15　ドイツの電車方式の高速車両（ICE3）。最高速度は320km/h（ドイツ国内では300km/h）。フランクフルト国際空港駅にて

●ヨーロッパに広がった高速鉄道

　TGVやICEによって高速鉄道の優位性が示されると、ヨーロッパ全体で高速新線を建設する気運が高まりました。これによって高速鉄道のネットワークが広がり、国境をまたいで国際高速列車が走るようになりました。

　ヨーロッパの代表的な国際高速列車には、ロンドン・パリ・ブリュッセルを結ぶ「ユーロスター」があります。初代車両はTGV、２代目車両はドイツが開発した高速電車がベースになっています。

　現在ヨーロッパでは、高速新線を200km/h以上で走る高速列車が、フランスやドイツだけでなく、イタリアやスペイン、イギリス、デンマーク、ベルギー、オランダに存在します。また、スウェーデンやノルウェー、ポルトガル、ポーランド、チェコでは、高速新線を建設する計画があります。

　なお、ロシアにも最高速度が250km/hの高速列車があります。これは「サプサン」と呼ばれる高速列車で、電車方式のICE（ICE3）とよく似た車両を使い、2009年から改良した在来線（広軌1520mm）のみで運転されています。

●北米・アフリカの高速鉄道

　次に北米とアフリカの高速列車を見ていきましょう。

　北米には、高速新線を走る高速列車はまだありません。ただし、在来線を200km/h以上で走る高速列車は存在します。それが、2000年に営業運転を開始したアメリカの「Acela Express（アセラ・エクスプレス）」です（写真5-16）。

　「アセラ・エクスプレス」は、東海岸の北東回廊（ボストン―ニューヨーク―ワシントンD.C.）の在来線を最高速度240km/hで走る高速列車で、TGVをベースにした車両（客車はボギー

写真5-16　アメリカの高速列車「アセラ・エクスプレス」。在来線を最高速度240km/hで走る。ボストン南駅にて

車）が使われています。執筆時点では、フランスのアルストム社が製造した新型車両が試運転を行っており、近々この列車に投入される予定です。

なお、アメリカでは、カリフォルニア州とテキサス州で高速新線を建設する計画があります。カリフォルニア州では、一部区間ですでに着工に至っています。テキサス州の高速新線は、同州のダラス―ヒューストン間（約390km）を結ぶもので、日本の東海道新幹線の技術が採用される予定です。

アフリカの高速列車には、2018年に営業運転を開始したモロッコの「Al Boraq（アル・ボラーク）」があります（アフリカ初の高速列車）。車両はTGVをベースにしたもので、高速新線（交流25kV・50Hz）と在来線（直流3kV）の両方に対応した2電気方式となっています。

● アジアの高速鉄道

次に、アジアの高速鉄道を見ていきましょう。アジアでは、日本の他に中国や韓国、台湾、トルコ、サウジアラビア、インドネシアに高速鉄道が存在します。このうち一番新しいのがインドネシアの高速鉄道で、中国製の高速車両を導入し、2023年10月に開業しました。

アジアの高速鉄道で、とくに著しい発展を遂げているのが、中国の高速鉄道です。中国では、高速新線の総延長が執筆時点で4万kmを超えており、2035年までに7万kmにする計画があります。日本の新幹線（フル規格）の総延長（3000km弱）とくらべると、その規模の大きさがよくわかります。

なお、アジアでは、インドやタイ、ベトナムで高速鉄道の整備が計画されています。

●高速鉄道で発生した事故

高速鉄道では、残念ながら多くの犠牲者を出す事故が起きています。たとえばドイツでは、1998年にエシェデ付近でICEが脱線転覆し、101人が死亡しました。中国では、2011年に温州市で高速列車の衝突・脱線事故が発生し、40人が死亡しました。フランスでは、2015年にTGVの試運転列車がエックヴェルスハイム付近で脱線し、11人が死亡しました。

こうした事故が発生したこともあり、現在は高速鉄道のスピード競争が下火になっています。どれほど速く列車を走らせても、輸送の安全を確保できないのであれば、鉄道の使命を果たせないからです。

なお、日本の新幹線では、2015年に発生した東海道新幹線火災事故（原因は焼身自殺）を除けば、列車事故による乗客の死者は出ていません。

5-6 浮上式鉄道

鉄道の中には、浮上式鉄道と呼ばれるものが存在します。本節では、従来の普通鉄道では難しいとされる高速走行を実現する浮上式鉄道を紹介します。

●浮上式鉄道とは

浮上式鉄道とは、特殊鉄道の一種で、車両が浮き上がって走る鉄道です（図5-10）。鉄車輪を使って粘着駆動する普通鉄道とは、車両の支持・案内・推進の方法が根本的に異なります。

浮上式鉄道には、空気浮上式鉄道と磁気浮上式鉄道があります。空気浮上式鉄道は空気の力（空気圧）、磁気浮上式鉄道は磁石の力（磁力）で車両が浮き上がります。

磁気浮上式鉄道には、常電導磁気浮上式鉄道と超電導磁気浮

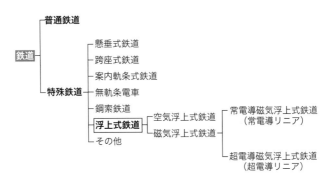

図5-10　浮上式鉄道は、特殊鉄道の一種である

上式鉄道があります。これらの詳細は、のちほどくわしく説明
します。

　浮上式鉄道が開発されたのは、普通鉄道の高速化の限界を超
えるためでした。浮上式鉄道の開発が複数の国で本格化した
1960年代には、普通鉄道の高速化には限界があり、それを超え
ることはできないと考えられていたからです。

　当時、普通鉄道の高速化には、次に示す3つの「壁」がある
と考えられていました。

・粘着駆動の壁
・車輪支持の壁
・集電の壁

　1番目の「粘着駆動の壁」は、車輪の空転が生じると駆動で
きなくなるという粘着駆動の弱点によって生じる限界です。普
通鉄道では、車両の速度が上がり、空気抵抗などの車両の推進
を妨げる力が大きくなってある速度で推進する力とつり合う
と、駆動する車輪が空転し、それ以上の速度で駆動できなくな

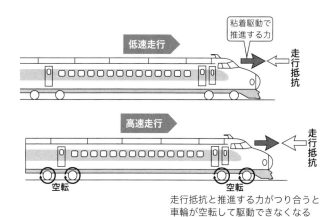

走行抵抗と推進する力がつり合うと
車輪が空転して駆動できなくなる

図5-11　粘着駆動の高速化の限界

ります（図5-11）。

　2番目の「車輪支持の壁」は、車両を安全に走らせるための限界です。普通鉄道では、車両が鉄レールと鉄車輪によって支持・案内されるため、速度が上がると上下・左右方向の振動が大きくなって走行が不安定になり、脱線が発生しやすくなります。

　3番目の「集電の壁」は、車両を駆動させるために外部から電気を取り込む（集電する）うえでの速度の限界です。たとえば代表的な集電装置であるパンタグラフは、速度が上がると架線から離れやすくなります。

　かつては、以上紹介した3つの「壁」があるゆえに、普通鉄道の高速化には限界があると考えられていました。

　ただし現在は、当時と状況が異なります。今となっては、営業列車が300km/h以上で走行する普通鉄道がありますし、フランスが樹立した574.8km/hという鉄輪式鉄道の世界最速記録が

存在します。また、航空機が発達し、空の旅が一般化しました。このため現在は、1960年代とくらべると、浮上式鉄道はあまり注目されなくなっています。

●リニアモーター駆動とは？

先ほども述べたように、浮上式鉄道は、普通鉄道にあるとされていた高速化の限界を超えるために開発されました。車両が浮き上がって走れば、3つの「壁」を超えられると考えられたからです。

浮上式鉄道を実現するには、車両の支持・案内・推進の方法を根本的に変える必要があります。そこで、車両の支持・案内は空気や磁石の力で行い、推進はプロペラ推進やリニアモーター駆動で行う方法が考えられました。

プロペラ推進は、航空機のプロペラ機と同様に、プロペラを使って推進する方式です。プロペラは、エンジンやモーターの動力によって回転させ、推進力を得ます。

いっぽうリニアモーター駆動は、リニアモーターを使った推進方式です。リニアモーターとは、回転型のモーターを直線状（リニア）に展開したもので、磁石の力を使って直線運動をします（図5-12）。このため、リニアモーターの一方を車両に、もう一方を軌道に設け、電磁石のコイルに電流を流せば、車両が軌道に接触しなくても推進できます。

リニアモーター駆動する磁気浮上式鉄道は、一般に「リニアモーターカー」または「リニア」と呼ばれますが、これは日本のみで通じる言葉です。英語圏では、磁気浮上式鉄道のことをMAGnetic LEVitation（磁気浮上）を略してMAGLEV（マグレブ）と呼びます。

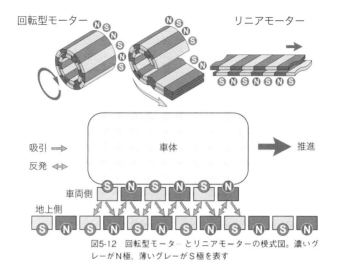

回転型モーター　　　　　　　　　　リニアモーター

吸引 ⟹
反発 ⟺

車体

推進

車両側

地上側

図5-12　回転型モーターとリニアモーターの模式図。濃いグレーがN極、薄いグレーがS極を表す

●実用化に至らなかった空気浮上式鉄道

　浮上式鉄道は、世界の複数の国で開発が進められてきました。ただ、執筆時点では、本格的な実用化に至ったのは磁気浮上式鉄道のみです（一部地域で使われている水平エレベーターを除く）。

　第二次世界大戦後に開発された空気浮上式鉄道には、おもにイギリスの「ホバートレイン」やフランスの「アエロトラン」（写真5-17）、アメリカの「TACV」がありましたが、いずれも実用化には至りませんでした。

　これらの空気浮上式鉄道が実用化に至らなかったおもな理由としては、コストが膨らむことや、磁気浮上式鉄道よりも車両が浮き上がる高さ（浮上高さ）を一定に保つのが難しかったことが挙げられます。磁気浮上式鉄道では、電磁石のコイルに流す電流を調節して浮上高さを瞬時に変えることができるのに対

写真5-17　フランスが開発した空気浮上式鉄道「アエロトラン」。1965年に開発が始まったものの、実用化には至らなかった。車両後方に車両を推進させるためのプロペラが見える

して、空気浮上式鉄道は、空気圧を調整して浮上高さを変えるため、その応答性が磁気浮上式鉄道よりも低くなるからです。

●営業運転に至った磁気浮上式鉄道

いっぽう磁気浮上式鉄道は、長らく開発が進められており、一部の方式はすでに営業線に導入されています。現在実用化もしくは開発されている磁気浮上式鉄道は、すべてリニアモーター駆動を採用しています。

磁気浮上式鉄道には、先ほど紹介したように常電導磁気浮上式鉄道と超電導磁気浮上式鉄道があります。ここでは便宜上、前者を「常電導リニア」、後者を「超電導リニア」と呼び、それぞれの概要を説明します。

　常電導リニアは、一般の電磁石（常電導磁石）を使って車両を浮上させ、リニアモーター駆動で推進させる鉄道です。これまでドイツや日本、中国、韓国が開発に携わってきました。浮上高さは約1cmです。

　常電導リニアの代表例には、ドイツが開発したトランスラピッド方式と、日本が開発したHSST方式があります（写真5-18）。

　トランスラピッド方式は、ドイツではなく、中国の上海で実用化されました。2004年に開業した「上海トランスラピッド」では、世界の営業鉄道で最速となる431km/hで列車が走りました（2020年以降は最高速度が300km/h）。

　いっぽうHSST方式は、日本で実用化されました。2005年に開業した愛知高速交通東部丘陵線（愛称「リニモ」）では、最高速度100km/hでの営業運転を実施しています。HSST方式は、当初成田空港と東京都心を最高速度300km/hで結ぶ目的で開発されたものの、その後都市交通を担う交通システムとして開発が進められ、「リニモ」に導入されました。

　超電導リニアは、常電導磁石よりも強力な磁界を発生する超電導磁石の力を使って車両を浮上走行させて、リニアモーター駆動させる鉄道であり、現在日本と中国が開発に取り組んでいます。

　日本が開発している超電導リニアは、JRマグレブ方式と呼ばれるものです（写真5-19、図5-13）。その開発は1960年代に始まり、2015年には603km/hという鉄道の世界最速記録を樹立しました。将来は、現在建設中の中央新幹線に導入され、最高速度500km/hでの営業運転を実現する予定です。

　いっぽう中国が開発している超電導リニアは、最高速度600km/hでの営業運転を目指しています。ただし、執筆時点では、500km/h以上での走行試験の実績はない模様です。

写真5-18　実用化された常電導リニア。トランスラピッド方式の上海トランスラピッド（上）とHSST方式の「リニモ」（下）

写真5-19　日本が開発した超電導リニア（JRマグレブ方式）。東京—名古屋—大阪を結ぶ中央新幹線に導入される予定。山梨実験線にて撮影

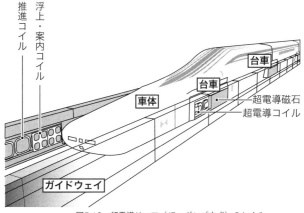

図5-13　超電導リニア（JRマグレブ方式）のしくみ

鉄道の科学

223

●1000km/h以上の超高速に挑むハイパーループ

最後に、現在開発中の浮上式鉄道の例として、ハイパールー
プを紹介しましょう（写真5-20）。

ハイパールーフは、アメリカの実業家であるイーロン・マス
ク氏が提唱した超高速輸送システムです。真空チューブの中を
「ポッド」と呼ばれる車両が浮上走行するもので、空気抵抗や
摩擦の影響を受けずに車両が移動するという特徴があります。
目指す最高速度は1000km/h以上です。

ハイパールーフは、かつて存在した真空チューブ列車のアイ
デアをモデルにして構想されました。従来の高速鉄道のように
複数の車両をつなげて走らせるのではなく、車両を個々に走ら
せる点や、最高速度が超電導リニアをはるかに上回る点がユニ
ークです。

これまでは、世界の多くの企業がハイパールーフの研究・開

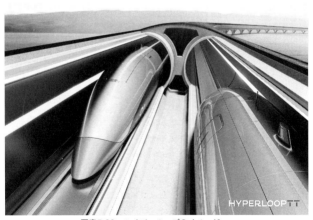

写真5-20　ハイパールーフのイメージ

発に参入してきましたが、執筆時点では実用化の目処が立って
いません。また、ハイパーループには技術的課題が多いため、
その実用化を疑問視する専門家もいます。

第6章

街を走る都市鉄道

ニューヨーク地下鉄

本章では、都市の内部を通る都市鉄道の整備方法や工夫を紹介します。

6-1 都市鉄道を市街地に通す

　都市鉄道を建設するのは、容易ではありません。都市は、建物が密集しており、線路用地の確保がとくに難しい場所だからです。

　しかし、世界には都市鉄道のある都市が多数存在します。これらの都市では、どのようにして都市鉄道を建設したのでしょうか。世界の4都市（ニューヨーク、ロンドン、ベルリン、東京）の例を見てみましょう。

●ニューヨークの都市鉄道

　ニューヨークは、世界初の都市鉄道が誕生した都市です。1832年に開業したニューヨーク・アンド・ハーレム鉄道が、世界初の都市鉄道です（写真6-1）。この鉄道は、馬が客車をけん引する馬車鉄道であり、道路の路面に敷かれたレールの上を客車が走行する路面鉄道でした。

　早期に路面鉄道が建設された背景には、この都市ならではの道路事情が関係しています。ニューヨークの中心地であるマンハッタンでは、1811年に答申された都市計画に基づいて格子状の道路網が整備され、現在の街並みの原型が形成されました。また、これを機に道路の幅員が広げられたため、その路面に鉄道を敷設しやすくなりました。

　その後ニューヨークでは、道路用地を立体的に使うことで、都市鉄道を発達させました（図6-1）。まず道路の路面を通る路面鉄道（のちの路面電車）を整備したあとで、列車が鉄骨構造の高架橋を通る高架鉄道を建設し、道路交通と鉄道を上下に分

写真6-1　1832年に開業したニューヨーク・アンド・ハーレム
鉄道。道路の路面に敷かれたレールの上を馬車が走る馬車鉄道
で、世界初の都市鉄道とされる

図6-1　道路用地を立体的に利用したニューヨークの都市鉄
道。路面鉄道→高架鉄道→地下鉄道の順に整備された

離し、鉄道の輸送力を増やしました。その後、高架鉄道の高架橋による日照被害や、列車通過時に発生する騒音が問題視されたため、道路の真下に地下鉄道（地下鉄）を建設し、中心地の高架鉄道を廃止しました。

　道路用地を利用したのは、そこが都市に残された公共の土地だったからです。つまり、道路用地を積極的に使い、新たに買収する土地の面積を極力減らすことで、都市鉄道を整備したのです。

　ニューヨークで最初の地下鉄が開業したのは1904年で、後述するロンドンとくらべると、地下鉄の導入で出遅れました。その代わり、地下鉄の大部分を複々線にして、日中に4本の線路のうち2本ずつを急行線と緩行線（各駅停車）として使い、深夜に2本を緩行線として使い、残り2本をメンテナンスすることを可能にしました。これによって、24時間運行する地下鉄を世界で最初に実現しました。

●ロンドンの都市鉄道

　ロンドンは、世界で最初に地下鉄ができた都市です。1863年に開業したメトロポリタン鉄道（パディントン―ファリンドン・ストリート間）が、世界初の地下鉄です（図6-2）。この地下鉄は、ロンドンの市街地に分散していたターミナル駅を結ぶ目的で建設された鉄道で、当初は電車ではなく、蒸気機関車がけん引する客車で旅客を運んでいました（図6-3）。

　ロンドンで早期に地下鉄が建設された背景には、この都市ならではの道路事情が関係しています。ロンドンでは、18世紀後半の産業革命以降に道路の交通量が急増し、都市交通が十分に機能しなくなりました。ニューヨークのように本格的な道路網を整備する前に都市化が急激に進み、建物が増えてしまったので、幅員の狭い道路を通行する馬車の数が増え、渋滞が頻発す

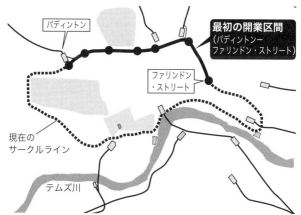

図6-2 世界初の地下鉄開業当時（1863年）のロンドンの鉄道網。最初の開業区間は、現在サークルライン（環状線）の一部になり、複数のターミナル駅を結んでいる

図6-3 1863年に開業したロンドンの地下鉄。当初は蒸気機関車がけん引する客車列車が走っていた

鉄道の科学

231

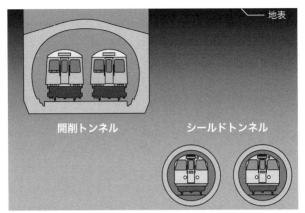

図6-4　ロンドンは、開削工法による開削トンネルと、シールド工法によるシールドトンネルを造り、地下鉄網を整備した

るようになったのです。

　そこでロンドンでは、市街地の地下にトンネルを建設して線路を敷設し、そこに列車を走らせました。イギリスで書かれた書籍『地下鉄の開拓者（The Underground Pioneers）』には、高架鉄道を導入する構想もあったものの、結果的に地下鉄が選ばれたことが記されています。

　ロンドンの地下鉄は当初、第3章で紹介した開削工法で建設されましたが、のちになって地表に与える影響が少ないシールド工法を多用して建設されるようになりました（図6-4）。これによって、地下鉄は道路だけでなく、建物の下も通るようになり、現在の複雑な地下鉄網が形成されました。

●ベルリンの都市鉄道

　いっぽうベルリンでは、1870年代以降に「地上の都市鉄道」を整備しました。これは、市街地を一周する環状線と、東西・

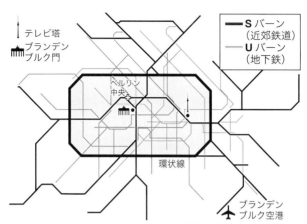

図6-5　現在のベルリンの鉄道網。Sバーン（近郊鉄道）に
は、市街地を囲む環状線と、東西・南北に広がる放射線がある

南北に延びる放射線から成る鉄道網で、現在のベルリンの都市
鉄道網の骨格として機能しています（図6-5）。この鉄道網の大
部分は、レンガ造りの高架橋になっており、市街地の道路と立
体交差しています。

　環状線が建設された経緯は、ロンドンとよく似ています。ベ
ルリンでは、長距離列車が発着する駅が市街地の外側にあり不
便だったので、それらの駅を結ぶ環状線が建設されました。

　その後ベルリンでは、「地上の都市鉄道」をサポートする形
で路面電車や地下鉄が整備されました。路面電車は、1865年に
最初の区間が開業し、ネットワークを広げました。いっぽう地
下鉄は、1902年に最初の区間が開業してからネットワークを広
げ、現在の姿になりました。なお、旧西ベルリンでは、地下鉄
の整備にともない、ほとんど路面電車が廃止されたのに対し
て、旧東ベルリンでは22系統の路面電車が現存します。

　ベルリンでは、地上を走る近郊鉄道を「Sバーン」、地下鉄

を「Uバーン」、路面電車を「トラム」と呼んでいます。この呼び方は、ベルリン以外のドイツの主要都市でも使われています。

●東京の都市鉄道

東京では、おもにベルリンをモデルとして地上の都市鉄道が整備されました。現在東京の鉄道網の骨格として機能している環状線（山手線）や、東西に貫く放射線（中央・総武線）は、このとき整備された路線です（図6-6）。

これらの路線のうち、離れていた3つの駅（上野・御茶ノ水・新橋）を結ぶ区間には、高架鉄道が建設されました。この高架鉄道は、ベルリンから鉄道技術者を招聘して建設したもので、外観がベルリンの高架鉄道とよく似ています。

東京では、路面電車を整備したあと、第二次世界大戦後にな

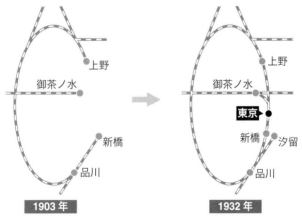

図6-6　東京の都市鉄道の変遷。かつては上野・御茶ノ水・新橋を結ぶ鉄道がなかったので、高架鉄道を建設し、その途中に東京駅を設けた。その際に、旧新橋駅を汐留駅に改称した

って本格的に地下鉄を整備し、旧西ベルリンのように多くの路面電車を廃止しました。東京都で現存する路面電車は、都電荒川線（東京さくらトラム）と東急世田谷線の２路線のみです。

6-2 ゴムタイヤ式電車

一部の鉄道では、鉄車輪の代わりに空気入りゴムタイヤ車輪を使用した電車が使われています。本節ではこれを「ゴムタイヤ式電車」と呼び、その特徴や構造を説明します。

● 背景に鉄輪式鉄道の弱点

ゴムタイヤ式電車には、長所と短所があります。おもな長所は、走行時に発生する騒音や振動が小さく、急勾配や急加速、急減速に対応できること。おもな短所は、車輪にフランジがないため、電車を案内するための特別な案内装置が必要になること、ゴムタイヤのパンクへの備えが必要なことです。

このような特徴を持つゴムタイヤ式電車が開発された背景には、車両が鉄車輪を使って粘着駆動する鉄輪式鉄道の弱点が問題視されたことがあります。つまり、走行時に騒音や振動が発生しやすく、沿線環境を悪化させる可能性が高いこと。急勾配を避けるため、走行ルートが大回りになりやすいこと。さらに急加速や急減速が難しいこと。これらの弱点を克服するためにゴムタイヤ式電車が開発されたのです。

ゴムタイヤ式電車は、現在モノレールだけでなく、AGTや地下鉄、路面電車の一部で使われています。なお、本節では便宜上、ゴムタイヤ式電車が走る地下鉄や路面電車を、それぞれ「ゴムタイヤ式地下鉄」や「ゴムタイヤ式トラム」と呼び、実用化された順番に説明します。

鉄道の科学

●モノレール

　モノレールは、ゴムタイヤ式電車が1本のレールを使って走る鉄道です。当初は、バス以上鉄道未満の中規模輸送を担う交通システムとして開発されましたが、現在は一般の鉄道並みの大量輸送を担う路線も存在します（写真6-2）。

　モノレールには、軌道や車両の構造が異なる種類があり、懸垂式と跨座式に大別されます（図6-7）。懸垂式は車両がレールにぶら下がって走り、跨座式は車両がレールにまたがって走ります。

　モノレールには長所と短所があります。

　おもな長所としては、建設費が安く、高架化が容易であることが挙げられます。これは、従来の鉄道とくらべると軌道の構造がシンプルで、高架構造にしやすいだけでなく、公共の土地である道路や河川の上の空間を利用して建設しやすく、買収す

写真6-2　東京都心と羽田空港を結ぶ東京モノレール。車両が1本のレールにまたがって走る跨座式で、列車は6両編成。一般の鉄道並みの大量輸送を担う

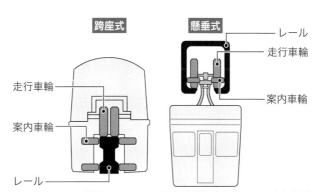

図6-7　モノレールのおもな種類。車両がレールにまたがる跨座式と、車両がレールにぶら下がる懸垂式がある

る用地を少なくすることができるからです。

　おもな短所としては、分岐器の構造が特殊であることや、緊急時に旅客が車両から脱出しにくいことが挙げられます。また、跨座式は、積雪時にゴムタイヤ車輪がスリップしやすくなるので、積雪量が多い地域には向かないとされています。

●ゴムタイヤ式地下鉄

　ゴムタイヤ式地下鉄には、電車の構造や案内するしくみが異なる種類があります。ここではパリの地下鉄（メトロ）の一部路線で使われている方式と、札幌市営地下鉄の3路線で使われている方式をそれぞれ「パリ方式」「札幌方式」と呼び、それぞれの電車の構造や案内するしくみを説明します（図6-8）。

　パリ方式は、ゴムタイヤ車輪と鉄車輪の両方を設ける方式です。ゴムタイヤ車輪には走行車輪と案内車輪があり、走行車輪は軌道の走行路、案内車輪は軌道の左右両側に設けられた案内レールと接触して転がります。いっぽう鉄車輪は、通常は走行に関与しませんが、分岐器を通過するとき、または走行車輪が

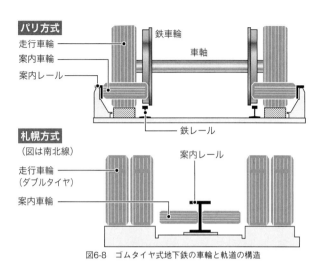

パリ方式

走行車輪
案内車輪
案内レール
鉄車輪
車軸
鉄レール

札幌方式
（図は南北線）

走行車輪
（ダブルタイヤ）
案内車輪
案内レール

図6-8　ゴムタイヤ式地下鉄の車輪と軌道の構造

パンクしたときに軌道の鉄レールの上を転がり、車体を支持・案内します。また、走行車輪と鉄車輪は同じ車軸に固定されており、モーターの動力によって回転し、走行路または鉄レールの上で駆動するようになっています。

　パリ方式は、第二次世界大戦中に荒廃したパリの地下鉄を刷新する目的で開発されました。現在は、パリをはじめとするフランスの都市や、メキシコのメキシコシティ、チリのサンティアゴの地下鉄で使われています（写真6-3）。

　いっぽう札幌方式は、ゴムタイヤ車輪のみで車体を支持・案内するので、鉄車輪がありません。また、案内レールは軌道の中央に1本敷いてあり、それを左右の案内車輪で挟んで車両を案内します。

　台車は、走行車輪がパンクしても車体を支えられる構造になっています。南北線では、走行車輪に、2つのゴムタイヤが左

写真6-3　パリ方式を導入したパリ地下鉄（メトロ）14号線

写真6-4　札幌市営地下鉄南北線。地上区間ではシェルターに覆われた高架橋を走る

右に並ぶダブルタイヤを採用しています。いっぽう東西線と東豊線では、走行車輪に、ゴムタイヤが1つのシングルタイヤを採用しており、パンク発生時に車体を支える予備車輪を備えています。

　札幌方式は、走行時に発生する騒音を減らす目的で開発されました。札幌市営地下鉄で最初に開業した路線（南北線）の一部では、地上の高架橋を走るため、騒音対策が必要とされたからです（写真6-4）。

●AGT（自動案内軌条式旅客輸送システム）

　AGT（Automated Guideway Transit：自動案内軌条式旅客輸送システム）は、バス以上鉄道未満の中規模輸送を担う交通手段で、小型のゴムタイヤ式電車がガイドウェイ（案内軌条）を走行します。一般的には「新交通システム」とも呼ばれることもあります。代表例には、東京の臨海副都心を走る「ゆりかもめ」があります（写真6-5）。

　AGTには、軌道や車両の構造が異なる種類が存在します。案内方式で分類すると、おもに左右のレールで案内する側方案内方式と、中央のレールで案内する中央案内方式があります（図6-9）。

　日本では、AGTの多くが側方案内方式です。1983年に定められた日本のAGTの標準規格も、側方案内方式を採用しています。なお、中央案内方式の採用例は、桃花台新交通桃花台線（2006年廃止）と山万ユーカリが丘線に限定されています。

　日本のAGTは、一部路線を除き、乗務員が乗務しない無人運転を実施しています。その先駆けとなったのが、1981年に開業した神戸新交通ポートアイランド線です。

　海外のAGTで採用例が多い規格には、フランスのマトラ社が開発したVAL（Véhicule Automatique Léger）があります。

写真6-5　東京の臨海副都心を走るAGT「ゆりかもめ」

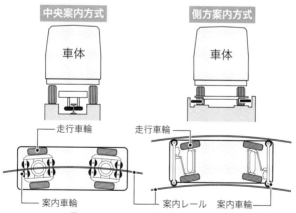

図6-9　AGTのおもな案内方式。日本の標準規格では、側方案内方式を採用している

VALは側方案内方式を採用したAGTで、フランスのリールや
トゥールーズの地下鉄をはじめ、世界5ヵ国の都市鉄道や空港
内鉄道で使われています。

AGTは、車両が平らな軌道の上を走行するため、モノレー
ルとくらべて緊急時に車両から脱出して避難しやすいというメ
リットがあります。

6-3 鉄輪式リニア

車両がリニアモーター駆動で推進する鉄道は、第5章で紹介
した磁気浮上式鉄道だけでなく、都市鉄道にも存在します。都
市鉄道では、鉄車輪で車両を支持・案内し、リニアモーターで
駆動する鉄道があるのです。本節ではこの鉄道のことを「鉄輪
式リニア」と呼び、その構造や特徴を説明します。

● 鉄輪式リニアの構造

鉄輪式リニアでは、車両側の1次コイルと、地上側のリアク
ションプレートと呼ばれる金属板がセットになってリニアモー
ターを構成しています（図6-10）。このため、1次コイルに電
流を流すと、リアクションプレートに誘導電流（渦電流）が流
れて磁極ができ、1次コイルの磁極との間に吸引・反発する力
が発生し、車両を推進する力が生じます。

鉄輪式リニアの大きな特徴は、急加速や急勾配に対応できる
点にあります。これは、従来の普通鉄道のように粘着駆動に頼
らないため、車輪の空転や滑走を気にせずに車両を推進できる
からです。また、鉄輪式リニアの車両には回転型のモーター
や、減速歯車のような駆動装置がないため、台車の小型化がで
きるというメリットもあります。

鉄輪式リニアを採用した都市鉄道は、カナダや日本、アメリ

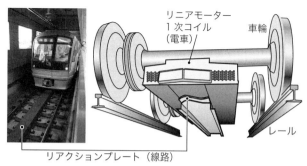

図6-10　鉄輪式リニアの構造。福岡市営地下鉄七隈線の例

カ、中国に存在します（写真6-6）。世界で最初に鉄輪式リニア
を採用した都市鉄道は、1985年にカナダのバンクーバーで開業
した「スカイトレイン」です。

●日本のリニアメトロ

　日本では、一部の地下鉄路線で鉄輪式リニアが使われていま
す。この鉄輪式リニアは、台車を小型化することで断面を小さ
くした車両が使われており、「リニアメトロ」または「ミニ地
下鉄」と呼ばれています。従来の地下鉄と比べてトンネルの断
面が小さく、建設費を低減しやすいのが大きな特長です（図
6-11）。

　先述した通り、鉄輪式リニアは急勾配に対応できるというメ
リットがあります。このため、「リニアメトロ」を採用した横
浜市営地下鉄グリーンラインには58パーミル、仙台市営地下鉄
東西線では、57パーミルという急勾配が存在します。

写真6-6　アメリカのニューヨークにある空港アクセス鉄道「エアトレインJFK」。鉄輪式リニアを採用しているため、軌道の中心にリアクションプレートが敷いてある

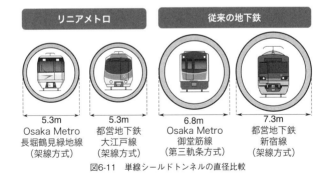

図6-11　単線シールドトンネルの直径比較

6-4 路面電車の復活

　路面電車は、かつて消えゆくものでしたが、近年はヨーロッパの都市を中心に新たに導入する例が増えています。この影響は日本にも及んでおり、2023年には宇都宮で路面電車が新規に開業しました。国内における路面電車の全線新設開業は、75年ぶりです。

　なぜこのような動きがあるのか。本節では、その理由を、ヨーロッパや日本の大都市における都市鉄道の変遷をたどりながら説明します。

● 都市再生のための交通システム

　世界の多くの大都市では、都市内の輸送機関として路面電車を整備したあとに地下鉄を整備し、多くの路面電車を廃止しました。本章の6-1で紹介したニューヨークやベルリン（西ベルリン）、東京は、その代表例です。日本では、1970年代までに大阪や名古屋といった多くの大都市から路面電車が消えました。

　路面電車を廃止したのは、都市交通の状況を改善するためでした。モータリゼーションの進展によって自動車保有台数が増加すると、市街地の道路で渋滞が頻発し、道路の一部を占有する路面電車が邪魔者扱いをされるようになりました。そこで多くの大都市では、地下鉄を整備する代わりに路面電車を廃止することで、道路の車線を増やし、都市全体の交通処理能力を高めました。

　このような対策は合理的でしたが、新たな問題を引き起こしました。地下鉄の建設や運営、維持にかかる莫大な費用が、都市の財政を圧迫する原因になったのです。このため、多くの都

市では地下鉄の建設がスムーズにできず、道路の渋滞緩和を十分に図ることができませんでした。

その結果、都市の中心部が空洞化しました。マイカーの利用者が、渋滞が頻発する中心部を避け、郊外を通る道路の沿線にある商業施設で買い物をするようになった結果、中心部の商業地が寂れてしまったのです。

そこで、ヨーロッパの一部の都市では、路面電車を活用した交通システムを導入し、都市の再生を図ることが検討されました。つまり、路面電車の停留所に駐車場を併設する「パーク・アンド・ライド」や、マイカーの進入を規制して歩行者と公共交通機関による空間を創設する「トランジットモール」といった社会的な取り組みを導入して、都市の中心にある商業地の活性化を図ることが考えられたのです。

このような交通システムはLRT（Light Rail Transit）と呼ばれており、日本では「次世代型路面電車システム」や「軽量軌道交通」などと訳されています。従来の路面電車とは、都市計画と強く連携している点が大きく異なります。

なお、LRTで使われる電車はLRV（Light Rail Vehicle）と呼ばれています。LRVの多くは、床を低くして停留所での乗り降りを容易にした低床車ですが、「低床車＝LRV」ではありません。

● ストラスブールでの成功

ヨーロッパでLRTブームが起きた背景には、ストラスブールにおける成功が大きく関係しています（写真6-7）。ストラスブールは、フランス東部の国境付近にある都市で、LRTの導入による都市の活性化に成功した街として知られています。

ストラスブールでは、中心部と郊外を結ぶLRTを整備する代わりに、中心部から自動車を排除しました。つまり、郊外に

写真6-7　ストラスブールのLRT。中心部は、歩行者と公共交通機関が共有する空間になっており、道路へのマイカーの進入を規制している

パーク・アンド・ライド、中心部にトランジットモールを導入することで、中心部に乗り入れるマイカーを規制し、歩行者が安心して通行できる商業地を創ったのです。

　私はストラスブールに行き、中心部のマイカー規制の徹底ぶりや、商業地のにぎわいを見て、ヨーロッパでLRTブームが起きた理由が腑に落ちました。LRTが都市に欠かせない「装置」として機能していたからです。

●日本における本格的なLRTの導入例

　いっぽう日本でも、先述した低床車を導入したLRT路線が複数存在します。マイカーの普及にともなう中心部の空洞化は、ヨーロッパだけではなく、日本の都市にも共通する課題だったからです。

　そこで富山や宇都宮は、ヨーロッパの都市をモデルにしつつ

も、日本の交通事情に合うようにアレンジして、LRTを導入しました。

　富山は、既存の鉄道を改造してLRTを導入しました。JR西日本が運営していた富山港線をLRTに改造して、停留所（もと駅）にパーク・アンド・ライド用の駐車場や、バスとの結節点を設けたのです。これが、国内初の本格的なLRTです。

　2006年に開業した富山ライトレール（現・富山地方鉄道富山港線）は、2020年に富山地方鉄道に移管され、同社が運営する富山市街の路面電車網と接続しました。

　いっぽう宇都宮は、軌道を新設してLRTを導入しました。日本で路面に軌道が新設されるのは、本節の冒頭で述べたとおり75年ぶりです。

　2023年に開業した芳賀・宇都宮LRT「ライトライン」は、JR宇都宮駅東口と、その東側にある芳賀・高根沢工業団地を

写真6-8　2023年に開業した宇都宮の「ライトライン」。国内で最初に軌道を新設したLRT

結ぶ路線で、道路の渋滞緩和だけでなく、公共交通の充実によるコンパクトシティの実現を目指して整備されました（写真6-8）。宇都宮市は、JR宇都宮駅の西側の区間を2030年代前半に開業させることを目指しています（2024年2月1日時点）。

　日本のLRTは、中心部からマイカーを排除することを目的としたヨーロッパのLRTとはちがい、マイカーと共存しながら公共交通の利便性を高めることを目的としています。このため、宇都宮の「ライトライン」は、日本の交通事情を踏まえて新たに構築された「日本型LRT」の見本であると言えます。

　こうした見本ができたことは、今後国内でLRTを導入する都市が増えるきっかけになるかもしれません。

第 **7** 章

山を越える山岳鉄道

大井川鐵道井川線

次に、山岳地帯を通る山岳鉄道を見ていきましょう。山岳地帯は、地形の起伏が激しい場所であるゆえに、そこに敷設する鉄道にはさまざまな工夫が求められます。

7-1 勾配を緩くする工夫

　山岳地帯に車両が粘着駆動する普通鉄道を敷設する代表的な工夫としては、勾配を緩くする方法があります。本節では、勾配を緩くする理由と、その実施例を紹介します。

●粘着駆動とその限界

　繰り返し述べたように、鉄道の粘着駆動にはさまざまな限界があります。第5章で紹介した高速鉄道には「走行速度」の限界があるのに対して、山岳鉄道では「勾配」の限界が存在します。

　粘着駆動は、急すぎる勾配には対応できません。なぜならば、勾配が急になればなるほど、重力によって推進を妨げる力が大きくなり、車輪の空転や滑走が起こりやすくなって車両を駆動することが難しくなるからです。

　このため、普通鉄道を山岳地帯に敷設するには、線路の勾配を緩くする必要があります。勾配を緩くするには、大回りのルート、または途中にトンネルを設けてショートカットするルートを選ばなければなりません。

　また、車両が停車する駅や信号場の線路は、できるだけ水平にする必要があります。出力が小さい車両が勾配の途中で停車してしまうと、発進するのが難しくなるからです。

●スイッチバックとループ線

　高低差が大きい場所に普通鉄道を敷設するときは、スイッチ

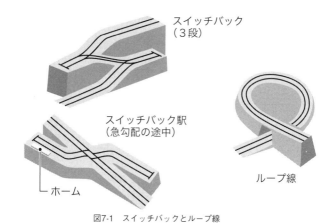

スイッチバック
（3段）

スイッチバック駅
（急勾配の途中）

ホーム

ループ線

図7-1　スイッチバックとループ線

バックやループ線と呼ばれる線路を設けて、勾配を緩くすることがあります（図7-1）。

　スイッチバックは、ジグザグに敷いた線路であり、列車が方向転換をしながら進むと、高度が上下するようになっています。列車が停車する部分の線路はおおむね水平になっており、列車が発進しやすくなっています。

　急勾配区間の途中に、スイッチバックがある駅（スイッチバック駅）を設けた例もあります。この場合は、通過列車は線路を直行し、駅に停車する列車のみが方向転換して駅に進入します。なお、水平な場所にスイッチバック駅を設けた例もありますが、山岳鉄道ではないので、ここでは説明を割愛します。

　ループ線は、らせん状に敷いた線路です。列車がループ線を通過すると、高度が上下します。日本の山岳地帯に現存するループ線は、JR釜石線やJR上越線、JR北陸本線、土佐くろしお鉄道中村線、JR肥薩線にあります。

7-2 急勾配に対応する工夫

　鉄道のなかには、粘着駆動以外の駆動方法を採用して、急勾配に対応させた例があります。ここではその例として、ラック式鉄道（歯軌条鉄道）とケーブルカー（鋼索鉄道）を紹介します。

●ラック式鉄道

　ラック式鉄道は、歯車を用いて車両を駆動させる鉄道です。軌道の中央に敷いた櫛形のラックレール（歯軌条）の歯と、車両側に設けたピニオン（歯車）の歯を噛み合わせて駆動します。車両は、粘着力に頼らずに駆動するので、粘着駆動では対応できない急勾配を走ることができます。

　日本で導入されたことがあるラック式鉄道は、アプト式と呼ばれるものです。これは、2〜3枚のラックレールを歯の位置をずらして軌道に敷き、カーブでも歯が噛み合うようにした方式です（写真7-1）。

　現在、日本に存在するラック式鉄道は、遊覧鉄道を除けば大井川鐵道井川線だけです（写真7-2）。井川線は、もともと全区間で車両が粘着駆動していましたが、沿線のダム建設にともなって1990年にルートを変更しました。その結果、一部区間（アプトいちしろ―長島ダム間）の最急勾配が90パーミルになったため、この区間のみをラック式（アプト式）鉄道にして、専用の電気機関車を列車に連結して走るようになりました。

　いっぽう、JR信越本線の横川―軽井沢間（1997年廃止）は、1963年までラック式（アプト式）鉄道で、専用の蒸気機関車や電気機関車が旅客列車や貨物列車に連結されていました。ラック式鉄道時代は、最高運転速度が15km/hと遅く、列車の総重

写真7-1　アプト式のラックレールとピニオンの構造。さいたま市の鉄道博物館にて

写真7-2　大井川鐵道井川線のラック式区間を走行する電気機関車。軌道の中央にラックレールが敷いてあるのが見える

量が制限され、輸送力を増やすことが困難であったため、のちに車両が粘着駆動する鉄道に変更されました。

　海外には、ラック式鉄道が多数あり、その半数以上がスイスにあります。スイスのピラトゥス鉄道には、ラック式鉄道の世界最急勾配（480パーミル）の区間があり、世界で唯一ロヒャー式が採用されています。

●ケーブルカー

　ケーブルカー（鋼索鉄道）は、車両がケーブル（鋼索）によって駆動する鉄道であり、おもに交走式や循環式と呼ばれる種類があります。

　交走式は、1本のケーブルの両端に車両がつながっている方式で、巻上装置によって一方の車両を引き上げると、もう一方の車両が降りるしくみになっています。双方の車両は、中間地点ですれちがいます。日本のケーブルカーは、ほとんどが交走式です。

　循環式は、環状にしたケーブルを車両がつかみ、推進する方式で、平坦地でも使えるというメリットがあります。代表的な採用例には、アメリカのサンフランシスコのケーブルカーがあります。これは、高い丘が点在するサンフランシスコ市街にあり、都市交通を支えています。

　日本におけるケーブルカーの最急勾配（608パーミル・斜度31度18分）は、東京都の高尾登山電鉄にあります（写真7-3）。世界におけるケーブルカーの最急勾配（1100パーミル・斜度47度73分）は、2017年にリニューアルオープンしたスイスのシュトースバーンにあります。

●ロープウェイとリフト

　山岳地帯で使われる輸送機関には、ロープウェイやリフトが

写真7-3　高尾山のケーブルカー（高尾登山電鉄）。ケーブルカーでは日本最急勾配の608パーミルの区間がある。日本のケーブルカーは、ほとんどが単線の交走式で、中間地点で車両同士がすれちがう構造になっている

写真7-4　筑波山にあるロープウェイ（筑波観光鉄道）。中空に張ったロープにゴンドラを吊り下げ、旅客を運んでいる

あります（写真7-4）。これらは、基本的に鉄道として扱われることはありませんが、日本では索道と呼ばれ、鉄道事業法に基づいて運営されているので、本書では鉄道の仲間として紹介します。

これらは、中空に張ったロープ（索条）を使い、人や物を載せた搬器を移動させる輸送機関で、山岳地帯の観光地やスキー場のように、地面に線路を敷くのが困難な場所で使われています。

ロープウェイは、山岳地帯だけでなく、都市でも使われています。

南米のボリビアの実質的な首都ラパスには、「ミ・テレフェリコ」と呼ばれる都市型ロープウェイがあります。2023年8月時点では10路線・合計30.6kmの路線網があり、世界最長の路線網を有する都市型ロープウェイとなっています。

写真7-5　横浜の都市型ロープウェイ「YOKOHAMA AIR CABIN」。常設型としては日本初の都市型循環式ロープウェイ

　日本の横浜には、2021年に開業した「YOKOHAMA　AIR
CABIN（ヨコハマ・エア・キャビン）」と呼ばれる都市型ロー
プウェイがあります（写真7-5）。これは全長約630m（片道）
で、常設型としては日本初の都市型循環式ロープウェイとされ
ています。

第**8**章

進化する鉄道

複線シールドトンネル

最後となる本章では、現在の鉄道に求められる事柄を踏まえて、今後の鉄道が目指す方向性を技術的な視点から探ります。

8-1 鉄道が直面する課題

● 変化した役割

　鉄道が担う役割は、時代ごとに変化してきました。たとえば第二次世界大戦前は、自動車や航空機が未発達だったため、鉄道は近代輸送機関の「主役」としての重要な役割を果たし、産業の「けん引役」として機能しました。いっぽう第二次世界大戦後になってからは、自動車や航空機が目覚ましく発達しただけでなく、船も発達したため、鉄道は他の輸送機関のすき間を埋めるニッチな存在となり、交通の「脇役」となりました。

　こうした交通全体の変化は、社会全体の変化によるものです。つまり、社会に求められる輸送機関が守備範囲であるシェアを広げ、生き残ってきたのです。逆に言えば、社会から求められない輸送機関は、残念ながら衰退せざるを得ません。

　この先鉄道が生き残るには、こうした社会全体の変化に対応しながら、進化し続ける必要があります。なぜならば、鉄道は公共性が高く、社会全体の変化に大きく影響される輸送機関だからです。

　日本で出版された鉄道関連の多くの書籍は、鉄道という範囲内の情報のみで記されています。しかし、鉄道の情報だけで鉄道を語れる時代はすでに終わっています。このため、鉄道の将来像を考えるには、他の輸送機関の状況や社会変化のあり方を踏まえ、鉄道に何が求められるかを把握する必要があります。

● 鉄道に求められていること

　それでは、現在の鉄道には何が求められているのでしょう

か。もちろん、それは多岐にわたりますが、おもなものとしては、次の３つが挙げられます。

①環境対策
②モビリティ革命への対応
③人口減少への対応

このうち①と②は、世界の国々に共通することです。いっぽう③は、今後人口減少が急速に進む日本でとくに求められていることです。

それでは、①②③のそれぞれについてくわしく見ていきましょう。

●世界的に関心が高まる環境対策

①の「環境対策」は、気候変動の原因とされる地球環境への関心の高まりによって、世界的に求められるようになりました。

地球環境を保護するためには、地球温暖化の原因とされるCO_2（二酸化炭素）などの温室効果ガスを削減することと、持続可能な社会を実現することが求められています。

温室効果ガスの削減に関しては、「2050年カーボンニュートラル」という目標が掲げられています。これは、2050年までに温室効果ガスの排出量を実質ゼロにする「カーボンニュートラル」を実現するものであり、日本をふくむ120以上の国や地域が、この実現に取り組んでいます（図8-1）。

持続可能な社会の実現に関しては、SDGsという目標が掲げられています。SDGsとは、Sustainable Development Goals（持続可能な開発目標）の略で、国連加盟193ヵ国が2016年から2030年までの15年間に達成するために掲げた目標です。SDGs

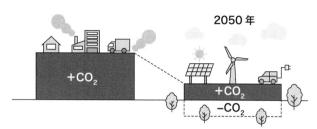

2050年

+CO$_2$

+CO$_2$
−CO$_2$

図8-1　カーボンニュートラルの概念図。CO$_2$をはじめとする
温室効果ガスの排出量を実質ゼロにする取り組み

が掲げる17の目標の7番目には「エネルギーをみんなに、そし
てクリーンに」があり、持続可能な近代的エネルギーへのアク
セスを確保することが記されています。

　鉄道は、自動車や航空機にくらべてエネルギー効率が高いゆ
えに、温室効果ガスの排出量がもともと少なく、持続可能な社
会の実現に貢献できる輸送機関とされています。ただし、現在
は先述した「2050年カーボンニュートラル」を実現するため、
鉄道の環境対策もより強化することが求められています。

● **100年に1度のモビリティ革命**

　②の「モビリティ革命への対応」は、近年における自動車業
界の変化を反映したものです。現在自動車業界では、100年に
1度の自動車の大きな変化が起きているとされており、それを
モビリティ革命と呼んでいます。ここでいうモビリティ
（Mobility）とは、機動性や流動性、移動性を示す言葉ですが、
近年交通業界では「人やモノ、コトを空間的に移動させる能
力、または機構」を指す言葉として使われています。

　モビリティ革命は、鉄道にも大きな影響を与えます。ここで
はそのことを説明するため、いったん鉄道から離れて、自動車

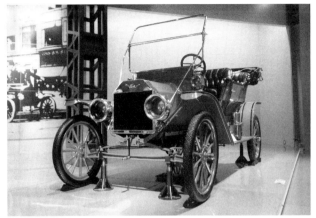

写真8-1　1908年にアメリカで販売開始された廉価なガソリン自動車（T型フォード）。自動車を大衆化させ、馬車を自動車に置き換えたとされる。愛知県長久手市のトヨタ博物館にて

の歴史を見てみましょう。

　自動車業界が「100年に1度」という根拠は、今から100年ほど前に起きた出来事にあります。その出来事とは、1908年にアメリカで廉価なガソリン自動車（T型フォード）の販売が開始され、陸上の輸送手段が馬車から自動車へと大きくシフトしたことです（写真8-1）。

　現在は、これに匹敵するモビリティの大きな変化が起きています。具体的に言うと、スマートフォンの発達による移動経路の検索の簡易化や、電動キックボードや空飛ぶ自動車のような新しいモビリティの登場、ネットと接続して情報を送受信するコネクティッドカーの実現、自動車の自動運転の実用化、シェアリングサービスとの連携、そして走行中に温室効果ガスを排出しない電気自動車（EV：Electric Vehicle）や燃料電池自動車（FCV：Fuel Cell Vehicle）の販売台数の増加がほぼ同時期

Connected
ネット接続

Autonomous
自動運転

Shared & Services
シェアとサービス

Electric
電動化

図8-2　自動車が目指す方向性を示す「CASE」

に起こり、移動の概念そのものが大きく変わろうとしているのです。

　このようなモビリティの変化を象徴するキーワードに、「CASE（ケース）」と「MaaS（マース）」があります。

　CASEとは、これからの自動車が目指す方向性を示す言葉で、Connected（ネット接続）・Autonomous（自動運転）・Shared & Services（シェアとサービス）・Electric（電動化）の頭文字をとった言葉です（図8-2）。もともとはダイムラー（現在のメルセデス・ベンツ グループ）が、2016年にパリで行われたモーターショーで発表した中長期戦略ビジョンを示すためにつくった言葉でしたが、今では自動車業界全体が使っています。

　鉄道は、通信によるネット接続や自動運転、不特定多数の旅客による施設のシェアや、そのためのサービス、そして駆動の電動化というように、自動車よりも先にCASEを実現しています。

　このため、「自動車が鉄道に近づいている」「鉄道の領域に自動車が入り込んできた」と言う専門家もいます。もしそうだとすると、いま世界の自動車業界で起きている大きな変化は、鉄道業界にとって見過ごせないものだと言えます。

　いっぽうMaaSとは、Mobility as a Serviceの略で、直訳す

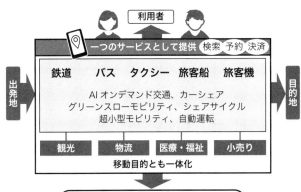

図8-3 「MaaS」の概念

ると「サービスとしての移動」となります。世界全体における
明確な定義はありませんが、国土交通省は「地域住民や旅行者
一人一人のトリップ単位での移動ニーズに対応して、複数の公
共交通やそれ以外の移動サービスを最適に組み合わせて検索・
予約・決済等を一括で行うサービス」と説明しています（図
8-3）。

スマートフォンを用いるMaaSの導入は、フィンランドのヘ
ルシンキで2016年に始まったのを機に世界に広がり、日本でも
社会実験をふくめて導入が進められるようになりました。当初
の概念は、公共交通の利便性向上と、中心部におけるマイカー
規制でした。

このMaaSの広がりは、マイカー利用者を減らすことにつな
がるため、自動車業界の脅威となりました。そこで多くの自動

車メーカーがMaaSに参入し、公共交通との共生を図るようになりました。逆に言えば、鉄道は、自動車との共生を模索しないと生き残っていけないことになります。

ここまでは、自動車を中心にしてモビリティ革命の概要を説明してきましたが、この影響は当然鉄道にも及びます。たとえばもし、人口が少ない過疎地で運転手がいない自動運転バスが本格的に実用化されれば、人々の移動が容易になり、既存の鉄道は大きな打撃を受けます。だからこそ鉄道も、他交通に対する競争力を高めて、モビリティ革命の波に乗る必要があるのです。

● 人口減少による影響

さあ、ここで自動車の話から鉄道の話に戻りましょう。

③の「人口減少への対応」は、先ほど述べたようにとくに日本の鉄道に求められています。日本では、これから少子化によって生産年齢人口（15歳以上65歳未満）が急速に減るため、鉄道もそれに対応する必要があるからです。

生産年齢人口が減少すると、おもに次の2つのことが起こり、鉄道の運営や維持が困難になります。

○通勤・通学で鉄道を利用する人が減る
○鉄道を支える労働者の確保が難しくなる

1番目の「通勤・通学で鉄道を利用する人が減る」は、旅客鉄道の営業収入の減少につながります。とくに近年は、2020年からのコロナ禍を機に進んだ「働き方改革」によってテレワークや在宅勤務が定着し、通勤や出張で鉄道を利用する人が減りました。

2番目の「鉄道を支える労働者の確保が難しくなる」は、い

わゆる人手不足であり、輸送の安全を脅かすことにつながります。とくに鉄道という職場は、乗務員のような勤務時間が不規則な職種や、保線作業員のような深夜作業が多い職種があるため、若年層から敬遠されがちです。このため、鉄道で働く人はすでに集まりにくくなっており、鉄道現場における技術の伝承が難しくなっています。

つまり、日本の鉄道は、生産年齢人口の減少にともない利用者と労働者の両方が減り、運営や維持がますます困難になるという課題に直面しているのです。

●それぞれの要求への対応

現在の日本の鉄道では、これまで説明した①②③の要求に対応する動きがすでにあります。具体的に言うと、以下のような動きがあるのです。

①環境対策 　　　　　　 →Ⓐ環境に配慮した車両の開発
　　　　　　　　　　　　　　（8-2）
②モビリティ革命への対応 →Ⓑ利便性の向上（8-3）
③人口減少への対応 　　　→Ⓒ業務の省力化（8-4）

次節以降では、ⒶⒷⒸの動きについてそれぞれくわしく見ていきましょう。

8-2 環境に配慮した車両の開発

● 気動車を置き換える存在

Ⓐの「環境に配慮した車両の開発」は、走行中にCO_2などの温室効果ガスやPM（粒子状物質）を出さない車両を開発することを指します。具体的に言うと、架線・蓄電池ハイブリッド

車両（以下、蓄電池電車）や、水素を燃料とする水素・蓄電池ハイブリッド車両（以下、水素電車）がこれに該当します。

蓄電池電車や水素電車が開発されたのは、気動車から置き換えるためです。気動車は、非電化路線を中心に運転されている旅客車であり、走行中にディーゼルエンジンが化石燃料（軽油）を消費し、CO_2などの温室効果ガスやPMを排出します。そこで、気動車を蓄電池電車や水素電車に置き換えて、鉄道全体が排出する温室効果ガスやPMの量を減らすことが検討されるようになったのです。

●蓄電池電車

蓄電池電車は、架線と蓄電池（バッテリー）の両方から供給される電力で駆動する電車です（図8-4）。電化区間では架線から供給される電力で蓄電池を充電しながら駆動し、非電化区間では蓄電池から供給される電力のみで駆動します。また、減速するときには回生ブレーキが作動し、主電動機で発電した電気が蓄電池に充電されます。

このような蓄電池電車は、1回の充電で走行できる距離が延びたことで、実用性が高まりました。この背景には、大容量のリチウムイオン電池（充電可能な二次電池の一種）が開発されたことだけでなく、回生ブレーキや、架線・蓄電池ハイブリッドシステムの技術が確立されたことが関係しています。

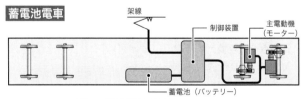

図8-4　蓄電池電車のしくみ

写真8-2　JR烏山線烏山駅に停車する蓄電池電車。JR東日本 EV-E301系電車

　蓄電池電車は、すでに日本の鉄道の旅客列車に投入され、営業運転をしています（写真8-2）。導入した路線のおもな例には、JR東日本の烏山線や男鹿線、JR九州の香椎線があります。いずれも長さが20〜30kmの非電化区間であり、列車が電化区間に乗り入れるという共通点があります。

　日本の蓄電池電車は、基本的に蓄電池のみを電源として非電化区間を走ります。ただし、一部の駅ではパンタグラフが架線と接触して電気を取り込み、蓄電池の充電をします。たとえば烏山線の始点（宝積寺駅）と終点（烏山駅）には架線があり、蓄電池電車が停車中にパンタグラフを上げて電気を取り込み、蓄電池の充電ができるようになっています（写真8-3）。また、烏山線を通る一部の列車は、電化区間であるJR東北本線を経て宇都宮駅にも乗り入れています。

　蓄電池電車には、長所と短所があります。おもな長所には、

写真8-3　JR烏山駅に設けられた充電用の架線（剛体架線）

架線がない区間でも走行できることや、従来の気動車を蓄電池電車に置き換えることで、非電化区間における走行中の温室効果ガスやPMの排出量を減らせること、保守に手間がかかるディーゼルエンジンがなくなること、電車との部品の共通化を図ることができ、車両のメンテナンスが容易になることが挙げられます。いっぽうおもな短所には、蓄電池電車の製造コストが高いことや、航続距離（1回のエネルギー補給で走行できる距離）が短いことが挙げられます。

　蓄電池電車を導入する動きは、海外にもあります。たとえばドイツのシーメンス社が開発した近郊形車両（蓄電池搭載）は、2019年からオーストリアで営業運転を実施しています。また、都市景観を保護する目的で、路面電車に蓄電池電車の技術を導入し、一部区間の架線をなくした例もあります。

●水素電車

　水素電車は、水素を燃料として駆動する電車です。水素は、酸素と化学反応して無害な水を生成するため、クリーンなエネルギー源として注目されています。

　水素電車には、燃料電池を搭載した燃料電池・蓄電池ハイブリッド電車（以下、燃料電池電車）や、水素エンジンを搭載した水素エンジン・蓄電池ハイブリッド電車（以下、水素エンジン電車）があります（図8-5）。燃料電池とは、蓄電池のような充電できる二次電池ではなく、燃料（水素）を消費して発電する発電装置であり、内部では水素と空気中の酸素が電気化学反応を起こして水を生成します（図8-6）。水素エンジンとは、水素を燃料とするレシプロエンジンで、シリンダー内部で水素と空気中の酸素が燃焼反応を起こして水を生成します。

　燃料電池電車は、すでに営業運転しています。2018年には、フランスのメーカー（アルストム社）が開発した燃料電池電車がドイツの非電化路線に投入され、燃料電池電車による世界初の営業運転を実現しました（写真8-4）。

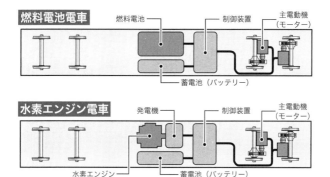

図8-5　燃料電池電車と水素エンジン電車のしくみ

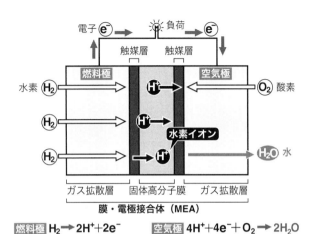

燃料極 $H_2 \rightarrow 2H^+ + 2e^-$ 空気極 $4H^+ + 4e^- + O_2 \rightarrow 2H_2O$

写真8-4 フランスのアルストム社が開発した燃料電池電車。国際鉄道技術見本市（イノトランス2016）会場にて。このタイプの電車は2018年にドイツの鉄道で営業運転を開始した

写真8-5　JR東日本の燃料電池電車「HYBARI」。ジャパンモビリティショー2023会場にて

　いっぽう日本では、燃料電池電車はまだ営業運転に至っていません（2024年5月時点）。ただし、JR東日本は、日立製作所やトヨタ自動車と共同で燃料電池電車「HYBARI（ひばり）」を開発し、2022年から鶴見線や南武線で営業列車の合間を縫って走行試験を実施しています（写真8-5）。トヨタ自動車は、燃料電池自動車（乗用車）を世界に先駆けて一般販売した実績があり、燃料電池スタックや水素貯蔵タンクの技術で燃料電池電車の開発に協力しました。

　いっぽうJR東海は、燃料電池電車だけでなく、水素エンジン電車の開発にも着手して、非電化路線のカーボンニュートラルを実現しようとしています。また、JR西日本は、2024年5月に三菱電機やトヨタ自動車と共同で燃料電池車両を開発すると表明しています。

　燃料電池電車や水素エンジン電車には、それぞれ長所と短所があります。おもな長所には、走行中に温室効果ガスやPMを

排出しないこと、蓄電池電車よりも航続距離が長いことがあります。いっぽうおもな短所には、水素の補給が必要なことや、水素や車両の製造コストが高いことが挙げられます。また、製造時に温室効果ガスを排出しない水素を使わないと、トータルの温室効果ガスの排出量をゼロにできないという難しさもあります。

8-3 利便性の向上

Ⓑの「利便性の向上」は、鉄道の利用者を増やすうえで重要なことです。

●MaaSの導入

現在日本では、鉄道事業者（鉄道会社）がそれぞれ独自にスマートフォンで利用するMaaSアプリを開発し、鉄道の利便性を図っています。このようなMaaSアプリは、目的地までの経路を示す移動経路検索や、各鉄道路線の運行状況や列車位置、列車の混雑状況の表示、各駅の時刻表や駅構内図の表示などの機能を持つもので、それまで可視化されていなかった情報もかんたんに入手できるようになっています。

鉄道事業者が開発したMaaSアプリのなかには、これらの機能に加えて、ユニークな機能を付加したものも存在します。たとえばJR東日本が開発したMaaSアプリでは、東京圏の主要駅の混雑状況や、エキナカ・駅ビルの店舗情報、コインロッカーの利用状況も表示できます。また、東京メトロが開発したMaaSアプリでは、鉄道での経路検索の他に、シェアサイクル（自転車の共有サービス）やタクシーを含む経路検索も表示できます。

ただし日本では、東京圏だけでも多くの交通事業者が存在す

るため、「東京圏の移動ならこれさえあればいい」という代表的なMaaSアプリがありません。このため、事実上GoogleやYahoo!などのアプリが、その代わりをしているのが現状です。

　これに対して海外では、公共交通の運営が一元化されている都市があり、そこを代表するMaaSアプリが存在します。たとえばパリの交通公団（RATP）が開発したMaaSアプリでは、パリ市全域の公共交通の経路検索ができるだけでなく、駅（国鉄・地下鉄・急行地下鉄）やバス停、路面電車の電停、シェアサイクル、電動キックボードの位置も地図上に表示されます（図8-7）。このため、地図における現在地を把握しながら、目的地までの移動手段をかんたんに選択できるようになっています。

●他交通との連携

　かつては、鉄道・バス・タクシーといった移動手段ごとに別々に決済する必要がありました。これに対して現在の日本の大都市圏では、Suicaなどの交通系ICカードによって公共交通の決済が共通化され、各移動手段の垣根がなくなり、シームレスな移動が可能になりました。

●キャッシュレス化とチケットレス化

　鉄道におけるキャッシュレス化とチケットレス化は、利便性を図るだけでなく、後述する業務の省力化を実現する目的でも進められています。

　キャッシュレス化は、小銭を用意しなくても公共交通を利用できるようにするもので、すでに日本の大都市圏で実現しています。現在日本の鉄道では、大都市圏を中心に広がった交通系ICカードに加えて、クレジットカードやQRコード、顔認証による決済に対応した自動改札機が増え始めています。

図8-7 パリ交通公団（RATP）のMaaSアプリの表示。駅やバス停などが地図上に表示される。下の欄で利用する移動手段を選ぶこともできる

近年鉄道で進むチケットレス化は、第4章で述べたネット予約と、先述したキャッシュレス化を組み合わせることで実現しています。

8-4 業務の省力化

Ⓒの「業務の省力化」は、鉄道の維持や運営に関わる業務を効率化して、より少ない数の労働者で鉄道を支えられるようにすることを指します。鉄道は長大な交通インフラであるため、その運営や維持には多くの労働力とコストを要します。しかし、とくに日本の鉄道業界では、生産年齢人口の減少の影響を受けて人手不足が深刻化しており、労働力の確保が年々難しくなっています。このため、鉄道を支える業務の省力化が急務となっています。

業務の省力化には、さまざまな手段があります。本節ではそのおもな例として「メンテナンスのスマート化」「列車の自動運転化」「列車運行の最適化」「駅構内における案内AIシステムの活用」を紹介します。

●メンテナンスのスマート化

第2章の2-11や第3章の3-7でふれたように、AIを駆使した車両や線路のメンテナンスのスマート化は、現在一部の鉄道で進められています。メンテナンスは、鉄道の安全を維持するうえできわめて重要な業務であるいっぽうで、多くの人手と時間とコストを要する業務だからです。

とくに鉄道のメンテナンスでは、保線のように専門性が高い技術も存在するので、熟練した技能を持つ作業員が必要です。現在は、人手不足によってその技術や技能の伝承が難しくなっているので、業務の省力化がとくに必要とされています。

ただし、メンテナンスの省力化には限界があります。なぜならば、たとえ機械が発達しても、最終的な点検や修繕は人間の力に頼らざるを得ないからです。このため、メンテナンスのスマート化は、この点を理解したうえで慎重に進める必要があります。

●列車の自動運転化

　列車の自動運転化は、乗務員の削減を実現し、業務の省力化に大きく貢献します。このため、第4章の4-3でふれたように、日本のみならず、世界の多くの鉄道で自動運転の技術が導入されています。

　今後は、日本の鉄道で、既存の路線への自動運転の導入が進む可能性があります。とくにJR九州の香椎線でGoA2.5を導入した営業運転が始まったことは、他の地方路線でもGoA2.5の導入が進む大きなきっかけになる可能性があります。

●列車運行の最適化

　近年は、AIやIoT（モノのインターネット）を駆使して列車運行の最適化を図ろうとする動きがあります。もし輸送需要に応じて列車運行を最適化できれば、車両や乗務員の運用の効率が上がり、業務の省力化やコストダウンが実現するからです。

　そこで鍵となるのが、旅客流動の正確な把握です。つまり、多くの旅客の利用時間や乗車区間などに関する情報をそれぞれ収集し、鉄道の利用状況やその変化を把握することが必要となるのです。

　現在の日本の鉄道では、すでにそれが可能になっています。大都市圏を中心に自動改札機が導入されており、旅客流動に関する「膨大な量のデータ（ビッグデータ）」が毎日収集されているからです。ビッグデータの解析は、AIやIoTの発達によっ

て可能になりました。

　もしビッグデータの解析によって旅客流動をより正確に把握できるようになると、業務の省力化やコストダウンが実現します。輸送需要の変化が予測しやすくなることで、輸送計画を立てることが容易になるだけでなく、車両や乗務員の運用の効率化を図ることができるようになるからです。

● 駅構内における案内AIシステムの活用

　近年日本の鉄道では、一部の駅で案内AIシステムを試験的に導入する動きがあります。案内AIシステムは、AIを使ってかんたんな受け答えや質問への回答をするシステムで、ウェブサイトでよく使われています。現在は、これを駅に導入し、駅員の代わりに利用客からの質問を受け、きっぷの買い方や、乗り換え、駅構内の案内などを伝える試みが始まっています。

　たとえば、JR東日本では、2020年に開業した高輪ゲートウェイ駅で案内AIシステムを導入し、実証実験を行っています（写真8-6）。これは、ディスプレイに向かって話しかけると、AIが反応して返答するというものです。

　駅に案内AIシステムを導入すると、駅員の負担軽減を実現でき、駅業務の省力化につながります。また、ディスプレイを用いた視覚的な案内や、多言語対応もできるというメリットがあります。

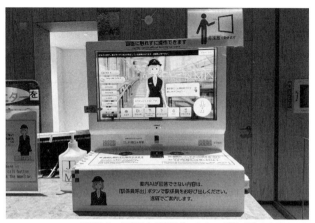

写真8-6　JR東日本が高輪ゲートウェイ駅に導入した案内AIシステム。2024年6月撮影

8-5 これからの鉄道

　最後に、「はじめに」でふれた「鉄道とは何か」という問いに対する私なりの結論と、これからの鉄道に求められる技術の方向性についてふれて終わります。

　鉄道は、列車ダイヤにしたがって人や物を運ぶ陸上輸送システムです。本書で紹介したのは、そのシステムを構成する要素です。

　鉄道を取り巻く環境は、時代とともに大きく変化してきました。1830年に世界最初の営業鉄道が開業してからは、鉄道は近代交通の先駆けとして時代をけん引し、人々の暮らしを大きく変えてきました。しかし、第二次世界大戦後になって自動車や船、航空機が急速に発達すると、鉄道は他の輸送機関との「競

争」にさらされ、スピードや快適性を高める必要に迫られました。そして現在は、モビリティ革命による交通の変化に対応し、さまざまな輸送機関と「協調」することが求められています。つまり、技術的に求められていることが「競争」から「協調」へとシフトしているのです。

　このような状況で鉄道が生き残っていくには、鉄道の「強み」を活かしながら、「弱み」をカバーする工夫が必要です。その工夫の一部が、本書で述べた技術です。

　鉄道が今後どうなるかは、誰にもわかりません。それゆえ、10年後や20年後には、本書に書かれていることの一部が古くなるぐらい鉄道の状況が変わっているかもしれません。ただ、鉄道の安全性や利便性が今後も向上し、他の輸送機関と足並みをそろえながら交通全般の発展に貢献するという技術的な方向性は、変わることはないでしょう。

おもな参考文献と図版出典

【全章共通】
[0-1]　丸山弘志著『鉄道の科学』講談社ブルーバックス, 1980
[0-2]　宮本昌幸著『図解・鉄道の科学』講談社ブルーバックス, 2006
[0-3]　上浦正樹・須長誠・小野田滋共著『鉄道工学』森北出版, 2000
[0-4]　久保田博著『鉄道工学ハンドブック』グランプリ出版, 1995
[0-5]　伊原一夫著『鉄道車両メカニズム図鑑』グランプリ出版, 1987
[0-6]　鉄道の百科事典編集委員会編『鉄道の百科事典』丸善出版, 2012
[0-7]　鉄道総合技術研究所鉄道技術推進センター・日本鉄道車両機械技術協会
　　　　日本鉄道運転協会著
　　　　『わかりやすい鉄道技術　3 [鉄道概論・車両編・運転編] 改訂版』
　　　　鉄道総合技術研究所鉄道技術推進センター, 2021
[0-8]　秋山芳弘監修ほか『図解入門　よくわかる　最新　鉄道の技術と仕組み』
　　　　秀和システム, 2020

【第1章】
[1-1]　日本エネルギー経済研究所 計量分析ユニット編『EDMCエネルギー・
経済統計要覧2023年版』理工図書, 2023
[1-2]　運輸部門における二酸化炭素排出量, 国土交通省, 令和5年5月17
日更新
https://www.mlit.go.jp/sogoseisaku/environment/sosei_
environment_tk_000007.html
[1-3]　秋田県立大学 機械工学科 応用機械設計 (動的設計) 富岡研究室「鉄道
車両の走行と曲線通過のダイナミクス」
https://www.akita-pu.ac.jp/system/me/tomioka/富岡研究室紹介
20190515_p1.pdf
[1-4]　特殊鉄道に関する技術上の基準を定める告示, 国土交通省
https://www.mlit.go.jp/notice/noticedata/
sgml/2001/62aa2980/62aa2980.html
[1-5]　鉄道の歴史, 川重車両協同組合ウェブサイト
https://www.hp.ksweb-jp.com/contents/?page_id=52
[1-6]　クリスティアン・ウォルマー著, 安原和見, 須川綾子訳『世界鉄道
史　血と鉄と金の世界変革』河出書房新社, 2012
[1-7]　チャールズ・シンガー, E・J・ホームヤード, A・R・ホール,

トレヴァー・I・ウィリアムズ編，高木純一，田中実，田辺振太郎，平田寛，八杉龍一訳編『技術の歴史４下』筑摩書房, 1963

図1-3：[1-1]P130の2019年度データを参照，図1-4：[1-2]，図1-9：[1-3]を参考にして作図，図1-11：[1-4]を参考にして作図，図1-12：[0-3]P6

※1-2「レールはどのようにして発明されたのか」については、[1-5][1-6][1-7]を参考にして記した。

【第２章】

[2-1]　野元浩著『電車基礎講座』交通新聞社, 2012

[2-2]　松澤浩編『旅客車工学概論』レールウェイ・システム・リサーチ, 1986

[2-3]　CBMで目指すスマートメンテナンス　人口減少社会に挑む鉄道技術（後編), and E（JR東日本グループ)
https://www.andemagazine.jp/2020/10/15/labor-market-3.html

図2-2：[0-6]P389一部改変，図2-16：[0-5]P64・P65，図2-22：[2-1]P128・P129を参考にして作図，図2-29：[2-1]P164，図2-35：[2-1]P165・P166，図2-36：[2-1]P159，図2-37：[2-1]P147，図2-38：[2-1]P159，図2-39：[2-1]P161，図2-40：[2-1]P160，図2-43：[2-2]P182，表2-1・表2-2：[0-7]P4，写真2-11・写真2-12：山﨑友也

【第３章】

[3-1]　土木学会編『トンネル　グラフィックス・くらしと土木』オーム社, 1985

[3-2]　発電所からご家庭に　電気のマメ知識，中部電力ウェブサイト
https://www.chuden.co.jp/energy/ene_about/electric/chishiki/mame_hatsuden/

図3-7：[0-8]P261，図3-8：[0-8]P285を参考にして作図，図3-11：[0-4]P85，図3-14：[3-1]，図3-15：[3-2]を参考にして作図，図3-16：[0-3]P132を参考にして作図，図3-17：[0-3]P133

【第４章】

[4-1]　列車ダイヤ研究会著『交通ブックス116　列車ダイヤと運行管理（改訂版)』交通研究協会，発売：成山堂書店, 2012

[4-2]　鉄道標識・サイン，保安サプライウェブサイト
https://www.hoan-supply.co.jp/products/railway/
[4-3]　「埼京線への無線式列車制御システム（ATACS）の使用開始について」JR東日本プレスリリース, 2017年10月3日
https://www.jreast.co.jp/press/2017/20171004.pdf
[4-4]　森稔・中澤弘二・鈴木光彰「新たなニーズに応える列車制御システム」東芝レビュー, Vol.64, No.9, 2009
https://www.global.toshiba/content/dam/toshiba/migration/corp/techReviewAssets/tech/review/2009/09/64_09pdf/a10.pdf
[4-5]　鉄道における自動運転技術検討会「鉄道における自動運転技術検討会とりまとめ」令和4年9月13日，国土交通省ウェブサイト
https://www.mlit.go.jp/tetudo/content/001512132.pdf
[4-6]　FeliCaのしくみ，ソニーウェブサイト
https://www.sony.co.jp/Products/felica/about/scheme.html

図4-1：[0-8]P148，図4-3：[4-1]P169一部改変，図4-5：[4-2]を参考にして作図，図4-6：[0-8]P155一部改変，図4-7：[0-8]P156一部改変，図4-8：[4-3]一部改変，図4-9：[4-4]図7，図4-10：[4-5]を参考にして作図，図4-15：[4-6]を参考にして作図

【第5章】
[5-1]　Experimental three-phase railcar, Wikipedia（英語）
https://en.wikipedia.org/wiki/Experimental_three-phase_railcar
[5-2]　TGV web, A Silver Rails Website
http://www.trainweb.org/tgvpages/images/misc/1955.jpg
[5-3]　須田寛著『JTBキャンブックス　東海道新幹線II』JTB, 2004
[5-4]　一般社団法人 海外鉄道技術協力協会『最新世界の高速鉄道』ぎょうせい, 2023
[5-5]　「東海道新幹線の脱線・逸脱防止対策について」東海旅客鉄道株式会社，平成24年12月20日
https://jr-central.co.jp/news/release/_pdf/000017056.pdf
[5-6]　The perpetual growth of high-speed rail development, Global Railway Review
https://www.globalrailwayreview.com/article/112553/perpetual-

growth-high-speed-rail/
[5-7]　「超電導リニアの原理」リニア中央新幹線公式サイト
https://linear-chuo-shinkansen.jr-central.co.jp/about/
[5-8]　Press, Hyperloop Transportation Technologies Website
https://www.hyperlooptt.com/press_articles/

写真5-2：[5-1]，写真5-4：[5-2]，図5-2：[5-3]P155を参考にして作
図，写真5-7：nozomi/PIXTA，図5-3：[0-3]p201を参考にして作図，図
5-5：[5-4]P97を参考にして作図，写真5-13：時事通信，図5-7：[5-5]
を参考にして作図，図5-9：[5-6]，図5-11：[0-5]P259を参考にして作
図，写真5-17：aflo，写真5-18上：photolibrary，図5-13：[5-7]を参考
にして作図，写真5-20：[5-8]

【第6章】
[6-1]　Harlem Line 1890, Wikipedia（英語）
https://upload.wikimedia.org/wikipedia/commons/6/6e/Harlem_
Line1890.jpg
[6-2]　Andrew Emmerson "THE UNDERGROUND PIONEERS",
Capital Transport Publishing, 2000
[6-3]　Metropolitan Railway, Wikipedia（英語）
https://en.wikipedia.org/wiki/Metropolitan_Railway
[6-4]　Network Maps&Routes,BVG
https://www.bvg.de/en/connections/network-maps-and-routes
[6-5]　Vukan R.Vuchic著，田仲博訳『都市の公共旅客輸送──そのシステ
ムとテクノロジー』技報堂出版，1990
[6-6]　土木学会編『鉄道3』新体系土木工学68，技報堂出版，1980
[6-7]　宮田道一・守谷之男共著『交通ブックス118　電車のはなし』交通研
究協会，発売：成山堂書店，2009
[6-8]　小池滋・和久田康雄共編『都市交通の世界史』悠書館，2012

写真6-1：[6-1]，図6-2：[6-2]P6を参考にして作図，図6-3：[6-3]，図
6-5：[6-4]を参考にして作図，図6-8：[6-5]p401・[6-6]P164-P165を
参考にして作図，図6-9：[0-3]P174，図6-10：[6-7]P204の写真を参考
にして作図，図6-11：[0-4]P304を参考にして作図

【第7章】

写真7-3：photolibrary

【第8章】

[8-1] 「カーボンニュートラルとは」脱炭素ポータル，環境省
https://ondankataisaku.env.go.jp/carbon_neutral/about/

[8-2] 「日本版MaaSの推進」国土交通省
https://www.mlit.go.jp/sogoseisaku/japanmaas/promotion/

図8-1：[8-1]，図8-3：[8-2]を参考にして作図

上記以外の写真・図・表は、筆者撮影・作成

索引

アルファベット

AGT（自動案内軌条式旅客輸送
　システム）　　　　　45、240
ATC（自動列車制御装置）151、189
ATACS　　　　　　　　　156
ATO（自動列車運転装置）　157
ATOS（東京圏輸送管理システム）
　　　　　　　　　　　165
ATS（自動列車停止装置）　151
CASE　　　　　　　　　266
CBM（状態基準保全）　　104
CBTC　　　　　　　　　156
COMTRAC→コムトラック
　　　　　　　　164、190
COSMOS→コスモス　　192
CTC（列車集中制御装置）
　　　　　　161、188、190
DMV　　　　　　　　　102
East i（E926形　電気軌道総合試験車）
　　　　　　　　　　　138
ETCS　　　　　　　　　156
FeliCa　　　　　　　　　171
GoA　　　　　　　158、280
HSST方式　　　　　　　221
HST（High Speed Train）　209
HYBARI　　　　　　　　275
ICE　　　　　　72、211、215
JRマグレブ方式　　　　　221
LRT→次世代型路面電車
　システム、軽量軌道交通　246
LRV　　　　　　　　　　246
MaaS　　　　　　266、276
MARS→旅客販売総合システム

　　　　　　　　　　　175
NATM（新オーストリアトンネル工法）
　　　　　　　　　　　127
PTC（プログラム式列車運行管理シ
　ステム）　　　　　　163
RER　　　　　　　　72、73
Sバーン　　　　　　　　233
TBM（時間基準保全）　　104
TGV　43、61、72、189、210、215
Uバーン　　　　　　　　234
VAL　　　　　　　　　242
VVVFインバータ制御　　82
YOKOHAMA AIR CABIN　259

あ行

合図　　　　　　　　　149
愛知高速交通東部丘陵線→リニモ
　　　　　　　　161、221
アエロトラン　　　　　220
阿佐海岸鉄道　　　　　102
アセラ・エクスプレス　213
アプト式　　　　　　　254
アル・ボラーク　　　　214
案内AIシステム　　　　281
一般形電車　　　　　　57
エアトレインJFK　161、244
永久連結器　　　　　　65
液体式気動車　　　　　49
液体式ディーゼル機関車　55

か行

改軌　　　　　　　　　118
開削工法　　　　　　　127

貨車	52
架線方式	80
滑走	30
貨物車	37、52
貨物電車	38、101
貨物輸送	14
カルダン駆動	83
軌間→ゲージ	117
機関車	37
きっぷ	166
軌道	30
気動車	38、49
客車	50
急行形	70
狭軌	117
橋りょう	126
切土	125
近郊形	70
空気浮上式鉄道	219
空転	30
クロスシート	69
軽量軌道交通→次世代型路面電車	
システム、LRT	246
ゲージ→軌間	117
ケーブルカー(鋼索鉄道)	256
高架鉄道	228
広軌	117
構体	67
交直流電気機関車	45
交直流電車	46
交通系ICカード	170、277
行程表	147
神戸新交通ポートアイランド線	
	159、240
交流電化	45

交流電気機関車	45
交流電車	46
交流モーター	48
腰掛	69
コスモス→COSMOS	192
ゴムタイヤ式地下鉄	237
ゴムタイヤ式電車	235
ゴムタイヤ車輪	29
コムトラック→COMTRAC	
	164、190
コンテナ車	52

さ行

サイドバッファー方式	43
索道(ロープウェイ・リフト)	
	31、256、294
サスペンション	98
座席(腰掛)	69
差動装置→デファレンシャルギア	
	25
サプサン	213
山岳工法	127
三線軌	119
磁気カード式自動改札機	170
磁気浮上式鉄道	218、220
自己操舵機能	26
次世代型路面電車システム→軽量軌	
道交通、LRT	246
シテ・デュ・トラン	184、211
自動改札機	170
自動改札システム	166
自動連結器	64
車軸	24
車体間ヨーダンパ	100
車体傾斜機構	95

車両限界 66
車両検査 103
車輪 24
上海トランスラピッド 221
集電靴 77
集電装置 77
主幹制御器→マスコン 76、81
主電動機→モーター 40
蒸気機関 38
蒸気機関車 38、56
常電導リニア(常電導磁気浮上式鉄道)
220
シリーズ方式 49
シールド工法 129
新幹線 182、189、196
信号 149
振動制御装置 99
水素エンジン電車 273
水素電車 273
スイッチバック 252
スカイトレイン 243
スジ 145
スラブ軌道 112
制御車 43
セミアクティブサスペンション 99
潜函工法 129
早期地震検知警報システム
133、205
操舵台車 92

た行
第三軌条方式 77
台車 60、73
ダイヤモンドクロッシング 123
第四軌条方式 80

高尾登山電鉄 256
弾丸列車計画 186
タンク車 52
短尺レール 115
弾性まくらぎ直結軌道 112
地下鉄道(地下鉄) 230
蓄電池電車 270
長尺レール 115
超電導リニア(超電導磁気浮上式鉄道)
220
直流電化 45
直流電気機関車 45
直流電車 45、76
直流モーター 48
沈埋工法 130
通勤形 70
通勤形電車 57
つくばエクスプレス 13、114、159
筑波観光鉄道 257
吊掛駆動 83
定尺レール 115
ディーゼルエンジン 38、42
ディーゼルカー 38
ディーゼル機関車 38、54
ディーゼル動車 38
デッキ(出入台) 71
鉄車輪 28
鉄輪式リニア 242
鉄レール 28
デファレンシャルギア→差動装置
25
デュアルシート 70
電気機関 38
電気機関車 53
電気式気動車 49

電車　　　　　　　　　　38、47
電動客車　　　　　　　　　38
電動車　　　　　　　　　　42
電動台車　　　　　　　　　73
道床交換機　　　　　　　137
道床整理車　　　　　　　137
踏面　　　　　　　　　　　25
動力集中方式　　　　　　　40
動力分散方式　　　　　　　40
特殊車　　　　　　　　　　37
ドクターイエロー（923形　新幹線
電気軌道総合試験車）　　138
特殊鉄道　　　　　　　　　30
都市鉄道　　　　　　　　228
特急形　　　　　　　　　　70
都電荒川線（東京さくらトラム）
　　　　　　　13、118、235
富山地方鉄道富山港線
（旧・富山ライトレール）　248
ドライバレス運転　　　　160
トラム　　　　　　　　　234
トランジットモール　　　246
トランスラピッド方式　　221
トロリーポール　　　　　　77
トンネル　　　　　　　　127
トンネルソニックブーム　203
トンネル微気圧波　197、203

な行
内燃機関　　　　　　　　　38
内燃機関車　　　　　　　　38
内燃動車　　　　　　　　　38
ニューヨーク・アンド・ハーレム鉄道
　　　　　　　　　　　　228
熱風式分岐器融雪装置　　207

粘着　　　　　　　　　　　28
粘着駆動　　　　　　　28、250
燃料電池電車　　　　　　273

は行
ハイパーループ　　　　　224
ハイブリッド式気動車　　　50
ハイブリッド式ディーゼル機関車
　　　　　　　　　　　　　55
パーク・アンド・ライド　246
パーミル　　　　　　　　141
バラスト軌道　　　　　　110
パラレル方式　　　　　　　49
半永久連結器　　　　　　　65
パンタグラフ　　　　　77、200
ピニオン（歯車）　　　　254
ビューゲル　　　　　　　　77
標識　　　　　　　　　　151
標準軌　　　　　　　　　117
ピラトゥス鉄道　　　　　256
フェールセーフ　　　　　151
浮上式鉄道　　　　　　　215
付随車　　　　　　　　　　42
付随台車　　　　　　　　　73
普通鉄道　　　　　　　　　30
プッシュ・プル方式　　　　43
プラグドア　　　　　　　　72
フランジ　　　　　　　　　22
フリーゲージトレイン　120、192
フルアクティブサスペンション　99
ブレーキ機構　　　　　　　86
ブレーキ制御　　　　　　　90
ブレーキ装置　　　　　　　86
分岐器　　　　　　　　　122
平面交差　　　　　　　　123

棒連結器 65
ボギー車 60
ボギー台車 60
ボルスタ付き台車 75
ボルスタレス台車 75

ま行

舞浜リゾートライン 159
マスコン→主幹制御器 76、81
マルチプルタイタンパ 137
密着自動連結器 65
密着連結器 65
ミ・テレフェリコ 258
ミニ新幹線 192
ミニ地下鉄→リニアメトロ 243
無人運転 161
無線式列車制御システム 156
メトロポリタン鉄道 230
真岡鐵道 52
モーター→主電動機 40
モノレール 236
モビリティ革命 264
盛土 125

や行

輸送機関 12
ゆりかもめ 13、159、161、241
ユーロスター 212

ら行

ライトライン 248
ラック式鉄道（歯軌条鉄道） 254
ラックレール（歯軌条） 254
陸上輸送 14
立体交差 123

リニアメトロ→ミニ地下鉄 243
リニアモーター駆動 218
リニモ→愛知高速交通東部丘陵線
161、221
リバプール・アンド・
マンチェスター鉄道 29
リフト 256
旅客車 37
旅客電車 38
旅客販売総合システム→MARS
175
旅客輸送 14
リンク式連結器 61
輪軸 25
ループ線 252
列車ダイヤ 145
レール 19
レール削正車 204
連結器 61
連接車 60
ロープウェイ 31、256
路面鉄道 228
路面電車 31、245
ロングシート 69
ロングレール 115

わ行

轍 19

ベルリン地下鉄HK形電車

N.D.C.686　　294p　　18cm

ブルーバックス　B-2266

最新図解 鉄道の科学
車両・線路・運用のメカニズム

2024年 7 月20日　　第 1 刷発行
2024年12月13日　　第 3 刷発行

著者	川辺謙一
発行者	篠木和久
発行所	株式会社講談社
	〒112-8001　東京都文京区音羽2-12-21
電話	出版　03-5395-3524
	販売　03-5395-5817
	業務　03-5395-3615
印刷所	(本文印刷) 株式会社新藤慶昌堂
	(カバー表紙印刷) 信毎書籍印刷株式会社
製本所	株式会社国宝社

ISBN978－4－06－536346－1

発刊のことば

科学をあなたのポケットに

　二十世紀最大の特色は、それが科学時代であるということです。科学は日に日に進歩を続け、止まるところを知りません。ひと昔前の夢物語もどんどん現実化しており、今やわれわれの生活のすべてが、科学によってゆり動かされているといっても過言ではないでしょう。

　そのような背景を考えれば、学者や学生はもちろん、産業人も、セールスマンも、ジャーナリストも、家庭の主婦も、みんなが科学を知らなければ、時代の流れに逆らうことになるでしょう。

　ブルーバックス発刊の意義と必然性はそこにあります。このシリーズは、読む人に科学的に物を考える習慣と、科学的に物を見る目を養っていただくことを最大の目標にしています。そのためには、単に原理や法則の解説に終始するのではなくて、政治や経済など、社会科学や人文科学にも関連させて、広い視野から問題を追究していきます。科学はむずかしいという先入観を改める表現と構成、それも類書にないブルーバックスの特色であると信じます。

一九六三年九月

野間省一